JN271218

ネットワークプロトコルと
アプリケーション

博士(工学) 井関 文一
工学博士 金　武完　共著
博士(理学) 森口 一郎

コロナ社

まえがき

　近年，ネットワーク技術は目覚ましく発展し続けており，ビジネス的にも，あるいは技術的にも，絶えず関連する新しい話題が出現している。3Dインターネット，3.9世代/LTE（Long Term Evolution）携帯電話ネットワーク，光通信技術に基づいた NGN（Next Generation Network）などの新しい画期的な技術が登場し，実現され，すでに利用できるようになってきている。

　本書は，発展し続けているネットワークを設計，構築，運用するのに不可欠な知識であるプロトコル技術とアプリケーションの実現技術を，多角的に理解できることを目的に執筆された本である。特に，大学でネットワークに関する基本技術を学ぶ学生の教科書として，充分役立つような内容にした。内容は基礎的な項目と，より進んだ項目に分けており，より進んだ項目は目次で中級と記している。

　1章から6章までは，ネットワークのプロトコル技術を中心に記述している。1章では，ネットワークと標準化に関する基本的な内容として，OSI参照モデルとTCP/IPを概説している。2章では，物理層について，3章では，データリンク層に関する基本技術とVLAN，無線LANなどの関連技術について説明している。4章では，最も重要なネットワーク層に関する技術を多角的に説明している。IPアドレスとルーティングに関する基本技術を詳しく説明するとともに，VPN，IPV6に関する技術も説明している。5章では，トランスポート層に関する技術について，6章では，アプリケーション層に関するさまざまなプロトコルを説明している。

　7章から9章までは，ネットワークアプリケーションの実現技術を中心に記述している。7章では，最も一般的に使われるアプリケーションである，Webとメールの基本技術について説明している。8章では，新しい動向として注目

されているP2Pとグリット技術を説明している。9章では，リアルタイムアプリケーションとして，ストリーミングとIP電話技術について説明するとともに，今後の基本プロトコルであるSIPを説明している。

　また本書の内容をより理解するために，サポート用Webページ（http://el.nsl.tuis.ac.jp/）を用意した。ページの都合上収録できなかった演習問題や関連情報を参照することができるので，より深く学習するために，ぜひ利用されたい。

　なお，執筆は，1章から6章を井関，7.1節，7.3節と7.4節を森口，7.2節，8章，9章を金が担当した。

　最後に，図の引用を快諾していただいた関係者に厚くお礼申しあげるとともに出版に際してお世話になったコロナ社の諸氏に深謝する次第である。

2010年4月

著　者

目　　　次

1章　ネットワークと標準化

1.1　標　準　化 ·· *1*
　　1.1.1　デファクトスタンダードとISO　1.1.2　その他の標準化組織
1.2　RFC ·· *3*
1.3　OSI参照モデルとTCP/IP ·· *4*
　　1.3.1　OSI参照モデルの簡単な説明　1.3.2　OSI参照モデルと郵便との対比
　　1.3.3　カプセル化とカプセル化の解除
1.4　ネットワーク上の中継器 ·· *9*
　　1.4.1　物理層での中継器　1.4.2　データリンク層での中継器
　　1.4.3　ネットワーク層での中継器　1.4.4　アプリケーション層での中継器

2章　メディア（ケーブル）と物理層

2.1　物理層の機能 ·· *11*
2.2　LANにおけるメディアのトポロジー（形状） ································· *11*
　　2.2.1　バス型　2.2.2　リング（ループ）型　2.2.3　スター型
2.3　中継器（リピータハブ） ·· *14*
2.4　物理層のプロトコル ·· *15*

3章　データリンク層

3.1　データリンク層の機能 ·· *16*
　　3.1.1　LLC副層の機能　3.1.2　MAC副層の機能
3.2　MACアドレス ·· *18*
3.3　メディアアクセス方式 ·· *20*
　　3.3.1　CSMA/CD　3.3.2　トークンリング
3.4　中継器（スイッチングハブ） ·· *22*
　　3.4.1　コリジョンドメインの分割　3.4.2　半二重と全二重通信
　　3.4.3　スパニングツリープロトコル【中級】　3.4.4　ポートトランキング【中級】
　　3.4.5　スイッチングハブによるフロー制御【中級】　3.4.6　ポートミラーリング【中級】

3.5 データリンク層のプロトコル ·· 27
　3.5.1　HDLC　3.5.2　PPP
3.6 イーサネット ·· 29
　3.6.1　イーサネットの概要　3.6.2　DIX イーサネットと IEEE802.3
　3.6.3　イーサネットフレームのスイッチング
3.7 誤り検出 ·· 33
　3.7.1　パリティチェック　3.7.2　チェックサム　3.7.3　巡回冗長検査
3.8 VLAN【中級】 ··· 35
　3.8.1　ポート VLAN と VLAN タギング　3.8.2　VLAN 環境でのルーティング
3.9 無線 LAN【中級】 ·· 37
　3.9.1　無線 LAN の概要　3.9.2　無線 LAN 規格（IEEE802.11 シリーズ）
　3.9.3　衝突検出　3.9.4　ESS-ID（SS-ID）　3.9.5　無線 LAN の通信モード
　3.9.6　無線 LAN のセキュリティ

4章　ネットワーク層

4.1 ネットワーク層（インターネット層）の機能 ································ 47
4.2 IP アドレス ·· 48
　4.2.1　IP アドレスの構造とサブネットマスク
　4.2.2　ネットワークアドレスとブロードキャストアドレス
　4.2.3　IP アドレスの分類　4.2.4　サブネットマスクの再定義　4.2.5　ARP
4.3 IP パケットの構造【中級】 ·· 57
4.4 CIDR を使用した場合の IP アドレスの計算【中級】 ··················· 58
　4.4.1　CIDR とプレフィックス長表記　4.4.2　CIDR 例題
4.5 マルチキャスト通信【中級】 ··· 62
4.6 ICMP ··· 64
　4.6.1　ping コマンド　4.6.2　traceroute（tracert）コマンド
4.7 ネットワークコマンドの操作【中級】 ··· 67
　4.7.1　MAC アドレスと IP アドレスの表示　4.7.2　ping コマンド
　4.7.3　traceroute（tracert）コマンド　4.7.4　ARP テーブルの表示
4.8 ルーティング ··· 72
　4.8.1　ルーティングプロトコルの分類　4.8.2　代表的なルーティングプロトコル
　4.8.3　小規模ネットワークでの設定例【中級】　4.8.4　経路情報の集約【中級】
　4.8.5　論理ネットワークの定義とルータの役割
4.9 VPN ·· 85
　4.9.1　VPN とは　4.9.2　トンネリング技術　4.9.3　レイヤ 2 VPN とレイヤ 3 VPN
　4.9.4　VPN の問題点　4.9.5　代表的な VPN とその基本プロトコル

4.10 IPv6 ··· *92*
    4.10.1　IPv4 の問題点　4.10.2　IPv6 のアドレス表記と構造
    4.10.3　IPv6 のアドレスの割り当て【中級】
    4.10.4　ルーティングアドレスの集約【中級】　4.10.5　Plug and Play【中級】
    4.10.6　IPsec【中級】　4.10.7　QoS　4.10.8　IPv6 パケットの構造【中級】
    4.10.9　IPv4 から IPv6 への移行

5 章　トランスポート層（TCP と UDP）

5.1　トランスポート層の機能 ··· *104*
5.2　TCP ·· *105*
    5.2.1　TCP におけるコネクションの確立
    5.2.2　TCP におけるコネクションの終了【中級】　5.2.3　TCP セグメントの構造【中級】
5.3　UDP ·· *110*
    5.3.1　UDP のコネクションレス指向通信　5.3.2　UDP セグメントの構造【中級】
5.4　ポート番号 ··· *111*
    5.4.1　ポート番号によるプロセスの識別　5.4.2　ポート番号の割り当て
    5.4.3　クライアント・サーバ（C/S）モデルでのポート番号
5.5　ポートスキャン ··· *114*
    5.5.1　ポートスキャナ　5.5.2　telnet コマンドによる手動 TCP ポートスキャン【中級】
5.6　NAPT ·· *117*
    5.6.1　NAT と NAPT　5.6.2　NAPT によるアドレス・ポート番号変換【中級】
    5.6.3　NAT（NAPT）越えの問題【中級】

6 章　アプリケーション層のプロトコル

6.1　サーバプロセス ··· *124*
    6.1.1　クライアント・サーバ（C/S）モデル　6.1.2　デーモン
6.2　DNS ·· *125*
    6.2.1　FQDN　6.2.2　FQDN の形式　6.2.3　DNS の階層構造
    6.2.4　再帰モードと非再帰モード【中級】　6.2.5　DNS レコード【中級】
    6.2.6　nslookup コマンド【中級】　6.2.7　dig コマンド【中級】
6.3　SMTP と POP3 ·· *135*
    6.3.1　SMTP　6.3.2　エンベロープ【中級】　6.3.3　MIME【中級】
    6.3.4　OP25B【中級】　6.3.5　POP3
6.4　HTTP と HTTPS ··· *141*
    6.4.1　HTTP　6.4.2　HTTPS
6.5　TELNET と SSH ··· *142*

vi　目　　次

  6.5.1　TELNET　6.5.2　SSH
6.6　その他のネットワークアプリケーション ································ *143*
  6.6.1　FTP　6.6.2　DHCP　6.6.3　SIP　6.6.4　RTP, RTCP　6.6.5　NFS
  6.6.6　SAMBA　6.6.7　LDAP　6.6.8　NTP　6.6.9　Proxy サーバ
  6.6.10　スーパーデーモン
6.7　パケットアナライズ ·· *151*

7章　Webとメール

7.1　HTTP ·· *152*
  7.1.1　HTTPの基本　7.1.2　動的Webページ　7.1.3　Cookie
7.2　Webサービス ·· *168*
  7.2.1　Webサービスの構成　7.2.2　Webサービスの技術
7.3　メール：SMTP, POP3 ·· *176*
  7.3.1　1対1コミュニケーションツールとしての電子メール
  7.3.2　SMTP　7.3.3　POP3
7.4　電子メールシステムの問題点と対策 ··· *183*

8章　P2Pとグリッド

8.1　P2Pネットワーク ·· *186*
  8.1.1　P2Pネットワークの特徴　8.1.2　ファイルの共有・交換サービス
8.2　グ リ ッ ド ·· *191*
  8.2.1　グリッドコンピューティング　8.2.2　グリッドミドルウェア
  8.2.3　AD-POWERsを用いたPCグリッド

9章　リアルタイムアプリケーション

9.1　ストリーミング ··· *195*
  9.1.1　ストリーミングの基本構成　9.1.2　情報圧縮技術
  9.1.3　リアルタイム通信技術
9.2　IP　電　話 ·· *205*
  9.2.1　回線交換技術による電話サービス　9.2.2　IP電話の基本構成
  9.2.3　シグナリング用プロトコルH.323　9.2.4　音声品質
9.3　SIP ·· *213*
  9.3.1　SIPの基本　9.3.2　SIPを用いたアプリケーションの実現

索　　引 ·· *220*

1章　ネットワークと標準化

1.1　標　準　化

ネットワークについて議論する場合，標準化は非常に重要な概念である。なぜならば，ネットワーク上の機器（ノード）が通信を行う場合，通信上の約束事があらかじめ決められていなければ，たがいに通信を行うことは一切不可能だからである（**図1.1**）。

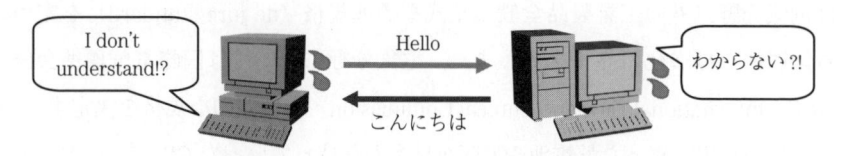

図1.1　プロトコルが違うと通信は不可能

この通信上の約束事，すなわち通信規約のことを一般に通信プロトコル（Protocol）と呼ぶ（または単に**プロトコル**と呼んでもよい）。現在インターネットやLAN（ラン，Local Area Network，同一エリア内のネットワーク）などで広く使われている基本的な通信プロトコルはTCP/IP（テーシーピー・アイピー）と呼ばれるものである。**TCP/IPプロトコル**は1982年にはすでに，現在使用されているものとほぼ同機能のものが完成している（Version4）。30年近くも同一バージョンのソフトウェアが使い続けられるということは驚くべきことであり，他にはあまり例を見ない。

1. ネットワークと標準化

1.1.1 デファクトスタンダードとISO

いわゆる標準には，大きく分けると2通りある。公的機関が定める正式（公式）な標準（de jure standard）と，多くのユーザが使用することによって，結果的に標準となる「事実上の標準」（**デファクトスタンダード**，de facto standard）である。

正式な標準の策定には，さまざまな団体の利害調節のため多くの時間が費やされるのが通例である。コンピュータの世界での技術革新のスピードには目覚しいものがあり，ある技術についてその正式な標準の策定を待っていると，その技術そのものが時代遅れになってしまう可能性がある。そこでコンピュータ業界などでは，正式な標準の策定を待たずに製品の開発・販売を行ってシェアの拡大を計り，自社ブランド技術が「事実上の標準」になることを目指すのである（最近ではBLU-RAYとHD-DVDのシェア争いが最も典型的な例である）。なお，TCP/IPプロトコルは一企業の技術ではないが，「事実上の標準」の代表的な例である。

一方，**ISO**（International Organization for Standardization，国際標準化機構）は電気分野以外の工業製品全般の正式な標準規格（de jure standard）を定める国際的な標準化組織である。また，電気分野については国際電気標準会議（IEC，International Electrotechnical Commission）が国際的な規格を決定する。

海外旅行先で買った乾電池やCDが日本から持っていったCDプレーヤーでそのまま使用できるのは，ISO/IECがそれらの物理的な形状や電気的な特性を定めているからに他ならない。またISOはネットワークに関してもさまざまな規格を定めている。

なお，ISOは「同位」を表すギリシャ語の接頭語"isos"が語源であり，International Organization for Standardizationの略号ではない。

1.1.2 その他の標準化組織

・**ITU**（International Telecommunication Union，国際電気通信連合）は，無線通信と電気通信に関する国際標準の策定を行う国際連合の専門機関であ

る。無線周波数利用の割り当てや国際電話の接続のための調整を行っている。ITU は三つの部門に分かれており，その中の電気通信標準化部門である ITU-T（アイティユーティ，ITU-Telecommunication Standardization Sector, 旧 CCITT）は，電気通信分野の標準策定を専門に行う部門であり，モデムや xDSL などの標準化を行っている。ITU-T で策定された標準化案は「ITU-T 勧告」として公表される。

・**IEEE**（アイトリプルイー，Institute of Electrical and Electronics Engineers Inc., 米国電気電子学会）は米国の電気・電子関連の研究を行う学会である。学会活動とともに専門委員会による電気電子に関する標準化も行っている。IEEE で策定された標準化案は通常 ANSI を通して ISO にも提案され，国際標準として採用される。ネットワークに関する標準化では，IEEE の 802 委員会による一連のシリーズである IEEE802 シリーズ（おもに物理層とデータリンク層の規格）が特に有名であり，この規格は ISO802 シリーズとして国際標準にもなっている。つまり IEEE802 シリーズと ISO802 シリーズは同一のものである。

・**ANSI**（アンジ，American National Standards Institute, 米国規格協会）は米国の工業製品に関する規格を策定する団体である。日本の日本工業規格（JIS）や日本工業標準調査会（JISC）に相当する。米国の国内規格を規定する団体であるが，ANSI の規格がそのまま ISO の国際標準となる場合が多い。ANSI-C/C++ などのプログラミング言語の規格化も行っている。

1.2 RFC

RFC（Request For Comments）は IETF（Internet Engineering Task Force）が取りまとめを行う，インターネットに関するさまざまな情報文章集である。代表的な内容としては，インターネットに関する技術的な仕様書，新しいサービスの提案，守るべきルール，用語集，ジョークなどがある。いわゆる正式な標準（de jure standard）ではないが，「インターネットの法律書」といっても

過言ではない。

RFCは誰でも投稿することが可能で，標準化に関する議論なども完全にオープンに行われる。提案がRFCとして採用された場合には一連の番号が割り振られ，その番号の元に管理される。一度採用されたRFCは訂正や削除されることはなく，内容の修正や拡張などを行う場合には新規のRFCとして新しい番号が割り当てられる。

例えば，インターネットのメール（SMTP）に関する規格はRFC812，RFC2821，RFC5321などに記述されている。

1.3 OSI参照モデルとTCP/IP

1970〜1980年代，ネットワーク上ではさまざまな通信プロトコルが使用されていた（TCP/IP，SNA，AppleTalk，NetWareなど）。当然これらのプロトコル間には互換性はなく，たがいに通信を行うことは不可能であった。

1982年，ISOはこれら問題を解決するために，通信プロトコルの正式な国際標準規格として **OSI**（Open Systems Interconnection，開放型システム間相互接続）プロトコルの策定を開始する。OSIプロトコルがほぼ完成する1980年代後半には，すでにTCP/IPが通信プロトコルの事実上の標準としての地位を固めつつあり，当時日本でもいかにTCP/IPからOSIへ移行するかという議論が活発に行われた。

しかしながら，（現在のネットワーク状況からも一目瞭然であるが）結局OSIは失敗し，TCP/IPが名実ともにネットワークの標準プロトコルとしての地位を獲得する。OSIは失敗してしまったが，その中の **OSI参照モデル**（OSI Reference Model）だけは，その優れた考え方ゆえに現在まで生き残っている。

OSI参照モデルは複数の通信プロトコル間の機能の標準的な物差しとして働く。ネットワーク機能全体を7層のモジュールに分解し，各層ごとに機能を独立させネットワーク全体を見通しのよいものにしている。OSI参照モデルは実際の通信プロトコルを表したものではなく，あくまでも概念的なものである。

1.3 OSI 参照モデルと TCP/IP

しかしながら，ネットワークの機能を理解し議論するためには，この階層構造の概念を理解することが必須となる。

一方，実際の通信プロトコルである TCP/IP は 4 層の構造しか持たない。図1.2 に OSI 参照モデルと TCP/IP の階層構造の関係を示す。TCP/IP ではプレゼンテーション層とセッション層がないため，TCP/IP でネットワークプログラムを作成する際には，プログラマは自らこれらの機能を実現するプログラムコードを作成しなければならない。

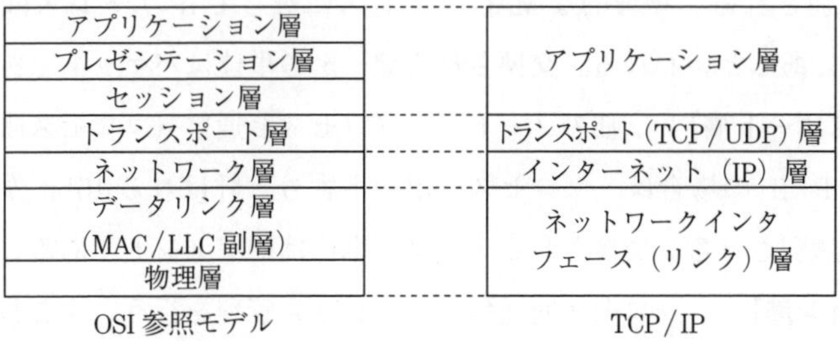

OSI 参照モデル	TCP/IP
アプリケーション層	アプリケーション層
プレゼンテーション層	
セッション層	
トランスポート層	トランスポート（TCP/UDP）層
ネットワーク層	インターネット（IP）層
データリンク層（MAC/LLC 副層）	ネットワークインタフェース（リンク）層
物理層	

図 1.2 OSI 参照モデルと TCP/IP の階層構造

図では，OSI と TCP/IP の各層の区切りがきっちりと対応しているように見えるが，実際には各階層の区切りは若干ずれたものとなっている。

1.3.1 OSI 参照モデルの簡単な説明

OSI 参照モデルの各層について簡単に説明する。詳細な説明については 2 章以降で行う。

【物理層】 ケーブルへの接続方法，ビットの 0，1 の電圧などを規定し，実際に信号を伝送する。この層で交換されるデータの単位はビットである。ケーブル（メディア）自体は物理層，つまり OSI 参照モデルには含まれない。

【データリンク層】 同じネットワーク内で隣接する他の通信機器（ノード）へ信号を伝送する。このデータリンク層は論理的な制御を行う LLC（Logical Link Control）副層と物理的な制御を行う MAC（マック，Media Access Control）副層とに分けられる。MAC 副層で物理層での違いが吸収されるため

に，物理層以下でさまざまな形態のケーブルを利用することが可能となる。同一ネットワーク内のノードは MAC 副層の 48bit の MAC アドレスで識別される。MAC アドレスは通常は NIC（ニック，Network Interface Card）の ROM に焼き付けられているため，ハードウェアアドレスや物理アドレスとも呼ばれる。この層で交換されるデータの単位はフレームと呼ばれる。

【ネットワーク層】　他のネットワーク上のノードへ信号を伝送する。TCP/IP の場合，ネットワーク上の各ノードは 32bit の IP アドレスと呼ばれるアドレスで識別される。物理的な MAC アドレスに対して IP アドレスは論理的なアドレスであるといわれる。交換されるデータの単位はパケットである。

【トランスポート層】　他のノード上のプロセスと通信（プロセス間通信）を行う。TCP/IP の場合は，プロセスはポート番号と呼ばれる 16bit の符号なしの整数で識別される。交換されるデータの単位はセグメントである。

【セッション層】　プロセス間通信のセッション管理を行う。すなわち，通信の開始，継続，終了を管理する。

【プレゼンテーション層】　交換されるアプリケーションデータのコード系の設定，データ圧縮・伸張，暗号化・復号化などを行う。

【アプリケーション層】　アプリケーションそのもの。

1.3.2　OSI 参照モデルと郵便との対比

　OSI 参照モデルの一般的な場合の各層の働きについて，郵便を例に採って対比してみる。ただし，もともとまったく違うシステム間の対比なので，完全な対応とはならないことに注意されたい。

《送信側》

① Bob は Alice に手紙を書くことにする。（アプリケーション層）

② まず内容を日本語で書くか，英語で書くか迷い，結局日本語にする。もしかすると他人に読まれるかもしれないので，Alice との間であらかじめ決めておいた暗号（言い回し）を使うことにする。（文字コードの確定と暗号化：プレゼンテーション層）

③ 「こんにちは（拝啓）」で文章を便箋に書き始め，「それじゃまたね（敬具）」で文章を終える．ここでは電話での例のほうがわかりやすいかもしれない．電話に例えれば，「もしもし」で電話を開始し，「バイバイ」で電話を終える．ただし読者も経験があるかもしれないが，電話を切る場合にどちらから先に電話を切るかで迷う場合も少なくない．ネットワークアプリケーションでも同様で，セッションの開始や継続の管理はさほど難しくはないが，セッションをどのタイミングで終了させるかということは，かなり難しい場合がある．（セッションの管理：セッション層）

④ 便箋を封筒に入れ，封筒の表に「Alice 様へ」と書く．（通信相手の確定．相手の名前はポート番号に相当：トランスポート層）

⑤ さらにそれを別の封筒に入れ，封筒の表に Alice の住む町の住所と苗字（ファミリーネーム）を書く．ただし，同一町内に同じ苗字（ファミリーネーム）の家はないものとする．（ネットワーク上の通信ノードの確定．相手の住む町の住所と苗字は IP アドレスに相当：ネットワーク層）

⑥ Alice が同じ町内なら Alice の家の番地，違う町に住んでいるのなら郵便局の番地を調べる．⑤の封筒をさらに別の封筒に入れ，封筒の表に届け先の番地を書く．（隣接するノードへ信号を伝送する．番地は MAC アドレスに相当：データリンク層）

⑦ 徒歩，自転車またはスクーターで届け先の番地まで手紙を届ける．（信号の伝送：物理層）

《受信側》

① Alice 宅に郵便局経由または，Bob から直接郵便が届けられる．（信号の伝送：物理層）

② 封筒の表の番地と自分の家の番地が一致していれば封筒の中から次の封筒を取り出し，違っていれば破棄する．（番地は MAC アドレスに相当：データリンク層）

③ 取り出した封筒の表の住所と苗字が自宅宛であれば，封筒の中の次の封筒を取り出し，違っていれば破棄する．（住所と苗字は IP アドレスに相

当:ネットワーク層)

④ 取り出した封筒の表に記載されている名前の人物(ここでは Alice)に封筒の中の便箋を渡す。(名前はポート番号に相当:トランスポート層)

⑤ 手紙の文章の始まりと終わりを識別する。(セッションの管理:セッション層)

⑥ 手紙の文章の言語(日本語か英語か)を識別し,Bob とあらかじめ決めておいた暗号(言い回し)を元に戻す。(データの復号化と文字コードの認識:プレゼンテーション層)

⑦ Bob からの手紙の内容を読む。(アプリケーション層)

1.3.3 カプセル化とカプセル化の解除

前節の OSI 参照モデルと郵便との対比で,手紙を何度か封筒に入れ直す場面がある(《送信側》④〜⑥)。これらは上位層のデータを下位層のデータの中に埋め込むことを表し,これらの処理をデータの**カプセル化**と呼ぶ。

TCP/IP のカプセル化の場合には,アプリケーションデータに対して,順に TCP(UDP)ヘッダ,IP ヘッダ,フレームヘッダと呼ばれるヘッダデータが付加される(データの最後にトレーラと呼ばれるデータが付加される場合もある)(**図1.3**)。

```
アプリケーションデータ
↓トランスポート層で付加される
TCP(UDP)ヘッダ | アプリケーションデータ         セグメント
↓IP 層で付加される
IP ヘッダ | TCP(UDP)ヘッダ | アプリケーションデータ   パケット
↓リンク層で付加される
フレームヘッダ | IP ヘッダ | TCP(UDP)ヘッダ | アプリケーションデータ  フレーム
```

図 1.3 TCP/IP でのデータのカプセル化

逆に受信側で下位層から上位層にデータが渡されるときに行われる,封筒の中から次の封筒を取り出す処理(前項の《受信側》②〜④)を**アンカプセル化**(カプセル化の解除)と呼ぶ。これらは下位層のデータの中から上位層のデー

タを取り出すことを表す。

1.4 ネットワーク上の中継器

ネットワークを形成する場合，中継器なしにこれを行うことは不可能である。ネットワーク上での中継器は，中継を行う層により大きく四つに分類される（図1.4）。

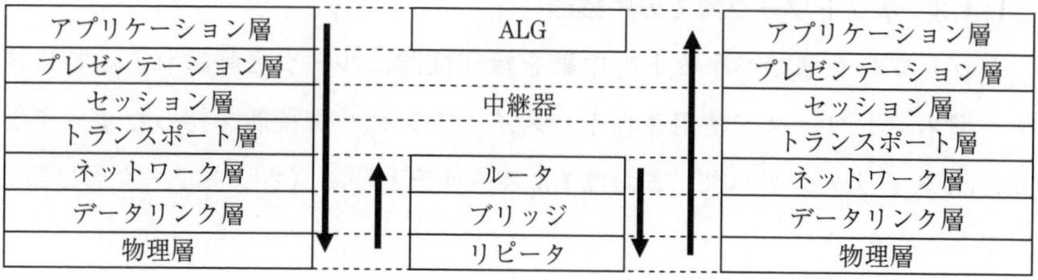

アプリケーション層	ALG	アプリケーション層
プレゼンテーション層		プレゼンテーション層
セッション層	中継器	セッション層
トランスポート層		トランスポート層
ネットワーク層	ルータ	ネットワーク層
データリンク層	ブリッジ	データリンク層
物理層	リピータ	物理層

図1.4 中継機器の位置づけ

1.4.1 物理層での中継器

物理層でビット列の中継を行う機器は一般に**リピータ**と呼ばれる。特にスター型ネットワーク（詳しくは次章参照，なお現在の LAN はほとんどがスター型である）で使用されるリピータをリピータハブ（またはシェアードハブ）と呼ぶ。リピータ（リピータハブ）は 0，1 の電気信号の増幅のみを行い，結果としてケーブルの延長を実現する。電気信号をそのまま増幅・中継するので，雑音などもそのまま増幅・中継される。

しかし現在では，これよりも高性能なスイッチングハブが非常に安価になったため，実際のネットワーク上ではリピータ（リピータハブ）はほとんど使われていない。市場にもほとんど出回っていないのが現状である。

1.4.2 データリンク層での中継器

データリンク層でフレームの中継を行う機器は一般に**ブリッジ**と呼ばれる。

特にスター型ネットワークで使用されるブリッジを**スイッチングハブ**，または単にスイッチと呼ぶ。またネットワーク層のL3スイッチと区別するためにL2スイッチと呼ぶ場合もある（L2はレイヤ2，すなわち第2層を表す）。

ブリッジ（スイッチングハブ）はMACアドレスを学習してフレームを中継するため，受信先の通信機器（ノード）が存在しないケーブル（通信ポート）には信号を流すことはなく，効率的な通信を行うことが可能である。

1.4.3 ネットワーク層での中継器

ネットワーク層でパケットの中継を行う機器は**ルータ**と呼ばれる。特にスター型ネットワークで使用される，スイッチングハブ機能を持ったルータをLayer3スイッチングハブ，または**L3スイッチ**と呼ぶ（ネットワーク層は第3層であるから）。

ルータはネットワークとネットワークをつなぎ，IPアドレスによってパケットの転送経路を決定する。逆の言い方をすると，「ルータはネットワークを分割する」ともいえる。ルータは1.3.2項の郵便局に相当する。

なお，リピータ（リピータハブ）をブリッジ（スイッチングハブ）で置き換えることは可能だが，ブリッジ（スイッチングハブ）とルータはその機能が大きく違うため，単純にブリッジ（スイッチングハブ）をルータで置き換えることはできない。

1.4.4 アプリケーション層での中継器

アプリケーション層での中継はプロトコル変換やアプリケーションデータの変換に用いられる。プロトコル変換やアプリケーションデータの変換を行う機器を正式にはゲートウェイと呼ぶ。ただし一般的には**ゲートウェイ**といえばルータのことを指す場合がほとんどであり，プロトコル変換やアプリケーションデータの変換を行うゲートウェイは特別にアプリケーションゲートウェイ，または**アプリケーションレベルゲートウェイ**（ALG）と呼ぶ場合が多い。

2章 メディア（ケーブル）と物理層

2.1 物理層の機能

　物理層ではメディア（ケーブル）への物理的・電気的な接続方法を規定し，ビットの0,1を電気信号に変換して実際の伝送を行う。物理的な接続方法では接続端子の形状やピン配列などについての規定も行う。

　ビットの0,1はスイッチのOFF, ONに例えられることが多いが，本来電圧は相対的であるためOFF, ONなどの絶対的な状態は存在しない。したがってビットの0,1の電圧なども正確に規定する必要がある。

　なお，メディア（ケーブル）自体は物理層には含まれない，つまりOSI参照モデルには含まれないので注意が必要である。

2.2 LANにおけるメディアのトポロジー（形状）

　メディアのトポロジー，すなわちケーブルの形状は本来はメディア，物理層およびデータリンク層の一部にまたがる概念ではあるが，ここでその紹介を行うこととする。

2.2.1 バ ス 型
　バス型は1本の同軸ケーブルに直接通信機器（ノードまたはアダプタ）を接

続してネットワークを形成する。ケーブルの両端には，信号がそこで反射して干渉を起こさないように，信号を吸収するターミネータと呼ばれる装置を接続する（**図2.1**）。

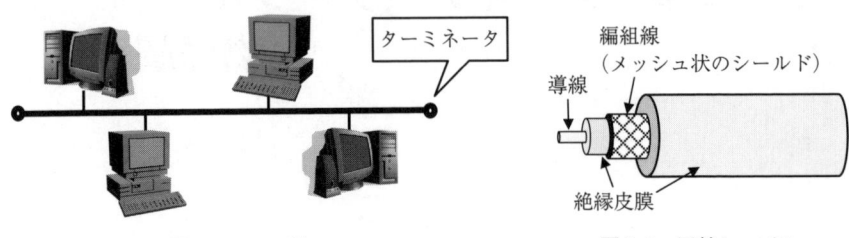

図2.1 バス型LAN **図2.2** 同軸ケーブル

通信機器をケーブルに接続する際には，同軸ケーブル（**図2.2**）の皮膜をドリルでむき，針状の電極を突き刺し固定する。したがって，通信機器の増設作業中に誤ってドリルでケーブルを切断してしまうことも時たまあった。また，接続通信機器の各接続点は一定の間隔を開ける必要がある。

かつてはイーサネット（Ethernet）などのネットワークで使用されたが，現在ではネットワーク用としてはほとんど使用されることはない。

しかしながら，図2.1のような図は，ネットワークを表す概念図として今日でもしばしば用いられる。

2.2.2 リング（ループ）型

ケーブルをリング状にして，そのリングに通信機器（ノードまたはアダプタ）を取り付ける。終端が存在しないため，ターミネータは必要ない（**図2.3**）。通信機器は実際にはリングの途中に挿入される形になるので，リング

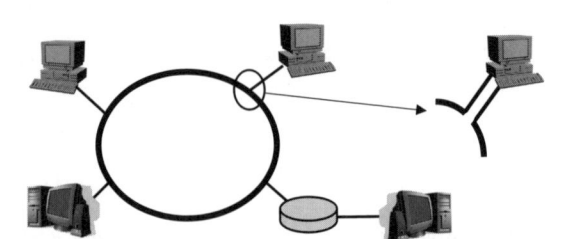

図2.3 リング（ループ）型LAN

2.2 LANにおけるメディアのトポロジー（形状）

が一重の場合，通信機器が1箇所でも故障するとネットワーク全体が停止する。したがって通常リングは多重化される。

かつてはFDDI（光リング）やIBMトークンリングなどのネットワークで使用されたが，現在ではほとんど使用されることはない。

2.2.3 スター型

スター型は，現在最も一般的に使用されるLANのトポロジーである。中央制御装置（ハブ，hub，現在ではほとんどの場合スイッチングハブが使用される）と呼ばれる装置を中心にネットワークを形成する（図2.4）。複数のハブどうしを多段接続（カスケード接続）してネットワークを拡大することも可能である（ただしリピータハブの場合は通信規格により2～3の段数制限がある）。

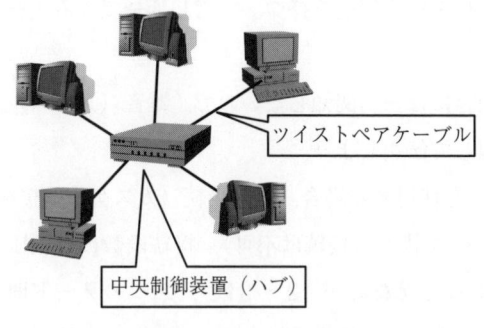

図2.4 スター型LAN　　図2.5 UTPケーブル

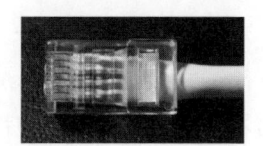

ハブと通信機器（ノード）の間のケーブルにはツイストペア（より対線）ケーブルと呼ばれる電話線に似たケーブルと端子（モジュラジャック）が使用されるので，ケーブルの取り回し（ケーブリング）を容易に行うことができる。ツイストペアケーブルのうち，ノイズ対策のためにシールドされたものを**STP**（Shielded Twist Pair cable），シールドされていないものを**UTP**（Unshielded Twist Pair cable）（図2.5）と呼ぶ。一般的な使用ではUTPで十分である。

なお電話線のケーブルとモジュラジャック（RJ-11）は4極2芯または4極

4芯†であるのに対して，このネットワークで使用されるツイストペアケーブルとモジュラジャック（RJ-45）は8極4芯または8極8芯である（通常は8極8芯）。ツイストペアケーブルでは，ケーブル内の線芯の接続状態から，8極4芯を2対4線，8極8芯を4対8線とも呼ぶ。

スター型は，現在ではイーサネットのトポロジーとして広く使用されている。

2.3 中継器（リピータハブ）

物理層での中継器は**リピータ**，特にスター型 LAN で使用されるリピータはリピータハブまたはシェアードハブと呼ばれ，ビットの0，1の電気信号の増幅を行い，ケーブルの分岐と延長を行う機能を持つ。ただし延長できるケーブルの長さには制限がある。

リピータ（ハブ）は通信の内容には一切関知しないので，雑音（ノイズ）が発生した場合でもそのまま増幅して伝送しまう。

スター型 LAN でリピータハブを使用する場合，多段接続（カスケード接続）を行うことも可能であるが（ループ状態の接続は不可），接続段数には制限がある。制限段数は通信規格によって異なるが（2～3段），二つのノード間に制限段数より多いリピータハブが存在する場合には，それらのノード間の通信は保障されない。

リピータハブには複数の通信ポート（ケーブルの接続口）が存在するが，一つのポートから入力された信号は他のすべてのポートから出力される。これをフラッディング（flooding）と呼ぶ。リピータハブは常にフラッディングを行うので，リピータハブに複数の通信機器が接続されていても，一度に信号を送信可能な通信機器は1台のみである（**図 2.6**）。つまりリピータハブには，同時に通信可能な機器は常に一組のみであるという制約が存在する（実際には通

---

† n極m芯：モジュラジャックのコネクタ部分に n 個の線をつなぐスペース（幅）があり，実際に結線しているのはそのうちの m 本であるようなものを指す。

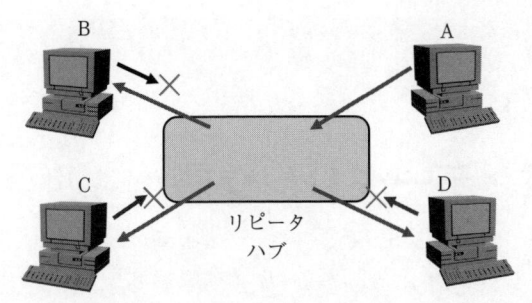

ノードAが送信した信号は，B，C，Dのすべてのノードへ送られる（フラッディング）。ノードAからの信号を受信している間は，B，C，Dは信号を送信できない。

図2.6 リピータハブ

信している機器が高速で入れ替わるため，同時に通信可能なように見える）。

現在では，リピータハブよりも高機能なスイッチングハブ（データリンク層での中継器）が安価で入手可能なため，リピータハブ自体はほとんど使用されることはない。

2.4 物理層のプロトコル

物理層の代表的なプロトコルとしては，イーサネット，RS-232C，V.35等が挙げられる。ただしイーサネットは，物理層とデータリンク層にまたがる重要なプロトコルであるため，次章で別に解説を行う。

RS-232Cはローカルな通信機器どうしでシリアルデータ転送を行うための一般的なプロトコルで，現在でもルータの初期設定などに使用される場合がある。

V.35はモデムとのシリアルデータ転送用プロトコルであり，かつてのダイアルアップによるインターネット接続等に用いられたが，今日のブロードバンド接続環境ではほとんど使用されることはなくなった。

3章 データリンク層

3.1 データリンク層の機能

データリンク層は，同じネットワーク内の隣接する通信機器（ノード）間の通信をサポートする。つまり同じネットワーク内であれば，データリンク層の機能だけで相手の通信機器（ノード）にデータを届けることが可能である。データリンク層は，**LLC副層**と**MAC副層**の二つの副層に分けることができる。

二つの副層のうち，上位層であるLLC副層は物理メディアに依存しない論理的な処理を行う。これに対して下位層のMAC副層は，物理層とのデータの交換を処理し，物理層以下の通信メディアの違いを吸収する。この機能によりネットワーク通信では，LLC副層以上のソフトウェアを変更することなく，MAC副層以下のソフトウェアを変更するだけで，さまざまな通信メディアを使用することが可能となる。

3.1.1 LLC副層の機能
LLC副層のおもな機能は以下の通りである。
1) パケットデータのLLCフレームによるカプセル化とアンカプセル化
2) フロー制御
3) フレームシーケンス制御

3.1 データリンク層の機能

LLC 副層では LLC フレームによりパケットのカプセル化・アンカプセル化を行い，フロー制御とフレームシーケンス制御の機能を実現する。

フロー制御とは通信量を制御することであり，データ受信側のノードが，受信した通信データ（フレーム）を処理しきれずにメモリ容量が少なくなったときに，送信側のノードに対して送信の停止を要求し，再びデータの処理が可能になった時点でデータの送信再開を要求する機能である。

フロー制御が行われないと，受信側のノードでは過負荷のためデータの消失（ロス）が多発し，データの再送要求（通常，データの再送要求自体はデータリンク層より上位の層の機能である）などによりネットワーク上の通信量が増大する。

ネットワーク上の通信量が増大し，ネットワークの性能が著しく低下するような状態を一般に「**輻輳**（ふくそう），congestion」と呼ぶ。「輻輳」の発生にはいくつもの原因があるが，フロー制御が的確に行われない場合にも「輻輳」が発生しやすくなる。

フレームシーケンス制御は，受信したフレームの順番が入れ替わっている場合に，フレームを順番通りに並べ替える機能である。ネットワークは，データをいったんネットワーク上の機器に蓄積してから中継を行う蓄積交換型なので，受信したフレームの順番が入れ替わる可能性がある。一方，電話などは途中でデータの蓄積を行わない回線交換型なので，相手の音声が前後して聞こえるような現象は発生しない。

なおプロトコルによっては LLC 副層を利用しないものもあり，TCP/IP も LLC 副層を使用しない。したがって，これらのプロトコルでフロー制御およびシーケンス制御を行うには他の機能を利用するか，データリンク層より上位の層でこれらの制御を行わなければならない。

3.1.2 MAC 副層の機能

MAC 副層のおもな機能は以下の通りである。

1) 上位層データの MAC フレームによるカプセル化とアンカプセル化

18　　3. データリンク層

2) 物理アドレスの割り当て（物理アドレッシング）

3) エラー検査

　MAC 副層は，前章のネットワークトポロジーなどを含む，物理層以下の物理メディアの違いを吸収し，どのような物理メディアであっても同一のインタフェースを上位層（LLC 副層，もしくは LLC 副層を利用しない場合はネットワーク層）に提供する。

　この機能は上位層データに対する MAC フレームによるカプセル化とアンカプセル化機能により実現される。なおデータリンク層には，LLC フレームによるカプセル化・アンカプセル化機能と MAC フレームによるカプセル化・アンカプセル化機能があるが，イーサネットでは LLC 副層の機能を利用しないので，TCP/IP を使用する場合には，MAC 副層での MAC フレームがデータリンク層のフレームと同等であると考えてほぼ問題はない。

　MAC 副層では同一ネットワーク内で通信を行うために物理アドレス（ハードウェアアドレス）の割り当ても行う。IEEE によるデータリンク層の規格（IEEE802.3 シリーズ）では，この物理アドレスとして MAC アドレス（マックアドレス）を用いるように規定されている。後述する IP アドレスが論理的なアドレスであるのに対して，この MAC アドレスは物理的なアドレスであるといわれている。

　エラー検査では，受信したフレームが正しく受信されているかを検査する。もし雑音（ノイズ）などにより転送中にデータに誤りが発生している場合，フレームは破棄される。イーサネットでは，**FCS**（Frame Check Sequence，フレーム検査シーケンス）と呼ばれるチェック用コードを利用した巡回冗長検査（CRC, Cyclic Redundancy Check）が行われ，フレームの正当性が検査される。

3.2　MAC アドレス

　MAC アドレスは全体が 48bit で，表記する場合は 16 進数 12 桁で表し，8bit（2 桁）ごとに：（コロン）または -（ハイフン）で区切るのが最も一般的

3.2 MAC アドレス

である（**図 3.1**）。MAC アドレスは通常 NIC（ネットワークカード）やネットワークコントローラごとに ROM に焼き付けられており（ハードウェアアドレスや物理アドレスと呼ばれる所以），その先頭 24bit（16 進 6 桁）は**ベンダコード**（OUI, Organizationally Unique Identifier）と呼ばれ，IEEE によってネットワーク機器メーカ（ベンダ）ごとに違ったものが割り当てられている。

$$00:16:76:C1:F0:8F$$

←------------→
ベンダコード：(00：16：76 は Intel 社のベンダコード)

図 3.1　MAC アドレス

したがって MAC アドレスの先頭 24bit を見れば，その NIC やネットワークコントローラの製造メーカを知ることができる。ベンダコードは IEEE のサイト（http://standards.ieee.org/regauth/oui/）で検索することが可能である。

MAC アドレスは世界的に一意（ユニーク，同じものがないということ）であるが，実際問題としては，同一ネットワーク内に同じ MAC アドレスを持つ機器がなければ通信は可能である。

ちなみに，MAC アドレスが ROM に焼き付けられていることから，MAC アドレスを偽装することは不可能であると思われがちだが，MAC アドレスを偽装することはそれほど難しいことではない。

MAC アドレスには FF：FF：FF：FF：FF：FF という**ブロードキャスト**アドレスが存在する。多くの場合，通信は 1 対 1（ユニキャスト）で行われるが，「ブロードキャストでは，ネットワーク内のすべてのノードに信号が届く」。

受信側ノードではメディア（ケーブル）上を流れる信号は，すべていったんデータリンク層の MAC 副層に渡される。MAC 副層では受信した信号（フレーム）の宛先アドレスが自己の MAC アドレスに一致するか，またはブロードキャストアドレスである場合にはその信号を上位層に渡し，それ以外の宛先の場合には信号を破棄する。

したがって，前述の「ブロードキャストでは，ネットワーク内のすべての

ノードに信号が届く」という表現は実際には不正確で,「ブロードキャストでは,ネットワーク内のすべてのノードが(データリンク層より上位の層で)信号を受信する」という表現のほうがより正確である.

ただし,特殊な場合として NIC やネットワークコントローラが**プロミスキャスモード**になっている場合には,MAC 副層での MAC アドレスの検査は行われず,すべてのフレームは上位層に渡される.プロミスキャスモードはネットワーク上を流れるフレームの検査などを行う場合に利用されるモードである.

3.3 メディアアクセス方式

メディアアクセス方式とは,物理メディア(ケーブル)に対して,衝突(干渉)を起こすことなく信号を送信するための手法のことである.

人間ならば,同じ部屋で何人もの人が話をしていても,大抵は直接会話をしている相手の言葉を正しく聞き取ることが可能である.しかしながら,LAN の場合はネットワーク上に複数の信号があると信号間で衝突(干渉)が発生し,各ノードはそれらの信号を正しく受信することはできなくなる.基本的にネットワーク上で一度に発言できる(信号を送信できる)ノードは,常に1台のみである.この信号が衝突を起こす範囲を**コリジョンドメイン**(collision domain)と呼ぶ.

MAC 副層でのメディアアクセス方式には大きく分けると2種類ある.**コンテンション(contention)方式**と**トークンパッシング方式**である.コンテンション方式で最も一般的なものは **CSMA/CD**(シーエスエムエー・シーディー)方式であり,トークンパッシング方式で最も一般的なものは**トークンリング方式**である.

3.3.1 CSMA/CD

CSMA/CD (Carrier Sense Multiple Access with Collision Detection) は非常に単純な衝突回避手法であり,以下の手順により信号を送信する.

① ケーブル上に他の通信機器の信号があるか調べる（carrier sense）
② 信号があれば⑤へ
③ 信号がなければ信号を送信し，送信できたなら終了
④ 自分の送信した信号が他の通信機器の信号と衝突した場合は⑤へ（collision detection）
⑤ ランダムな時間だけ待機して①へ（multiple access）

CSMA/CD は構造が単純で特別な制御システムを必要としないが，頻繁に信号の衝突が発生するので通信効率は悪く，ネットワークが混雑している場合には公称値の 40〜50％ 程度の通信速度しか出ないといわれている。通信効率が悪いという欠点はあるがその構造の単純さから，現在のほとんどのネットワークではメディアアクセス方式として CSMA/CD が採用されている。イーサネットの標準のメディアアクセス方式も CSMA/CD である。

3.3.2 トークンリング

トークンリングは，トークン（発言権信号）と呼ばれる信号をリング状のネットワーク上で巡回させる方式である。手順は以下の通りである。

① トークン（発言権信号）をネットワーク上に流す
② トークンを捕まえた通信機器のみが信号を送信する権利を得る
③ 送信を終えたら（もしくは送信するデータがないなら）トークンを次へ流す

トークンリングでは基本的に信号の衝突は発生しないので通信効率が高く，ネットワークが混雑していてもほぼ公称値の通信速度が出せるといわれている。しかしながら，トークンを巡回させるための制御システムが必要であり，構造が複雑になる欠点を持つ。現在ではほとんど使用されることはないが，以前は FDDI（光リング）や IBM トークンリングなどのリング型のネットワークで使用されていた。

3.4 中継器（スイッチングハブ）

データリンク層での中継機器は一般にはブリッジと呼ばれるが，今日のスター型 LAN では，多数の信号入出力用の通信ポートを持つ**スイッチングハブ**，または単にスイッチと呼ばれるものが使用されている。また，現在ではリピータハブが実際に使用されることはほとんどないので，単にハブという場合でもスイッチングハブを指す場合が多い。

スイッチングハブは現在の LAN の構成において，最も重要な通信機器（中継器）の一つであるといえる。

3.4.1 コリジョンドメインの分割

物理層で中継を行うリピータハブでは，一つの通信ポートから入力された信号は常に他のすべての通信ポートから出力される（フラッディング）。一方スイッチングハブでは，初期状態ではすべての信号（フレーム）がフラッディングされるが，その過程で各通信ポートから入力してくるフレームの送信元 MAC アドレスを学習し，通信ポートと MAC アドレスの対応をメモリ上に MAC アドレステーブルとして保存する。

一つの通信ポート先に複数のノードが存在する場合には，一つの通信ポートに対して複数の MAC アドレスが対応付けられ，MAC アドレステーブルに格納される。学習後は各入力フレームに対して，宛先のノードがつながっている通信ポートへのみフレームを転送する（スイッチング，switching）。

したがってスイッチングハブに接続している各通信機器では，同時に 2 組以上の 1 対 1（ユニキャスト）通信が可能となる（リピータハブでは常に 1 組のユニキャスト通信しか可能ではない）。つまりスイッチングハブの内部では，それぞれのユニキャスト通信どうしのフレームの衝突を回避することが可能であり，このことを一般に「スイッチングハブは**コリジョンドメイン**を分割する」などと表現する（**図 3.2**）。ただし，スイッチングハブであっても，ブロー

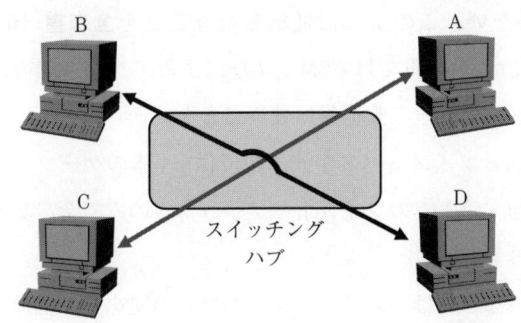

図 3.2 スイッチングハブ

スイッチングハブでは，AとC，BとDが同時に通信可能

ドキャストフレームは常にフラッディングされる（通常はマルチキャストフレームもフラッディングされる）。

なお，ノードがつながっているスイッチングハブの通信ポートを別の通信ポートにつなぎ変えた場合，MACアドレスの再学習が行われるので，通信が再開されるまで若干のタイムラグが発生する場合がある。

3.4.2 半二重と全二重通信

スイッチングハブを使用すると，その内部では，それぞれの通信機器（ノード）間のユニキャストの通信信号は衝突を起こさない。ただしこの状態であっても，ノードとスイッチングハブの間を1本の通信路のみで接続した場合には，たがいが同時に信号の送信を行うと通信路上でフレームの衝突が発生する。

このように1本の通信路のみで通信を行うことを**半二重**（half duplex）通信と呼ぶ。半二重通信を行う場合には，CSMA/CDを使用して通信路上でのフレーム衝突を回避しなければならない。

これに対してノードとスイッチングハブ間（もしくはスイッチングハブどうし）を2本の通信路で接続し，通信路の一方を送信用，他方を受信用にすれば通信路上で

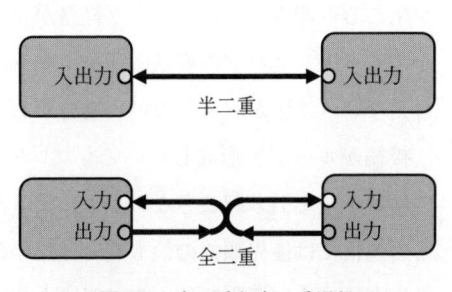

図 3.3 半二重と全二重通信

のフレームの衝突は発生しない。このように通信を行うことを**全二重**（full duplex）通信と呼ぶ（**図 3.3**）。全二重では CSMA/CD によるアクセス制御は必要ない。なお，リピータハブでは全二重通信は使用できない。

　現在のケーブルの主流であるツイストペアケーブルでは，1 本のケーブル内に複数の線芯があるため，通常は 1 本のツイストペアケーブルのみで全二重通信が可能である（ただし例外もある）。

　アクセス頻度の高いサーバなどでは，スイッチングハブとの間を全二重通信で接続すると通信効率が向上する。

3.4.3　スパニングツリープロトコル【中級】

　スイッチングハブの場合，リピータハブと違ってカスケード接続を行う場合の段数の制限はない。したがって接続を（物理的に）メッシュ状にすることも可能である。

　ただし，接続をメッシュ状にすると経路がループ状になるため注意が必要である。接続経路がループを形成する場合，ノード間で複数の通信路が確保され，ネットワークの冗長性が増し対障害性も向上する。

　一方でループ経路が存在すると，ブロードキャストは常にフラッディングされるため，無限にネットワーク上を巡回し続けることになり，**ブロードキャストストーム**（ブロードキャストの嵐）が発生する可能性がある。いったんブロードキャストストームが発生すると，ネットワークは完全に停止する。

　またスイッチングハブでの MAC アドレステーブルの学習においても不都合が生じる可能性がある。ループ経路が存在すると，あるノードからのフレームがスイッチングハブの複数の通信ポートから入力してくるため，学習を正しく行えない（学習が収束しない）場合がある。

　接続がループを形成していてもブロードキャストストームや MAC アドレスの学習不全を引き起こさないようにするためには，経路に優先順位を付け，通常の通信では優先順位の最も高い経路のみを通信に使用し，その経路が切断した場合には次に優先順位の高い経路を使用するようにすればよい。

スイッチングハブで使用される**スパニングツリープロトコル**は，このような処理を行う代表的なプロトコルである。スパニングツリープロトコルでは経路（スイッチングハブの通信ポート）に対して自動的に優先順位が付けられ，最も優先順位の高い通信ポート以外では通信がブロックされる。これによりスパニングツリープロトコルでは（論理的な）経路のループ状態を回避することが可能となる（**図**3.4）。

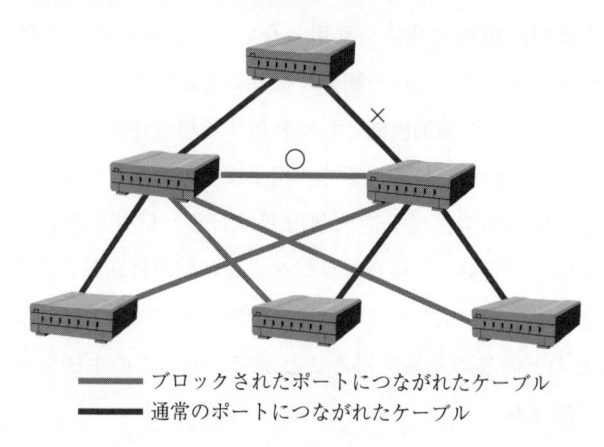

―― ブロックされたポートにつながれたケーブル
―― 通常のポートにつながれたケーブル

×のケーブルが切断した場合，自動的に〇のケーブルがつながれた通信ポートが有効になる

図3.4 スパニングツリープロトコル

3.4.4 ポートトランキング【中級】

スイッチングハブ間またはスイッチングハブとノード間の通信速度を上げる手法としてポートトランキングと呼ばれるものがある。これは対象機器間を物理的に複数のケーブルでつなぎ，それらを論理的に束ねて1本のケーブルと見なす手法である。例えば，1Gbpsのケーブル3本を利用して，それらをポートトランキング機能を用いて1本

1 Gbps×3　　3 Gbps×1

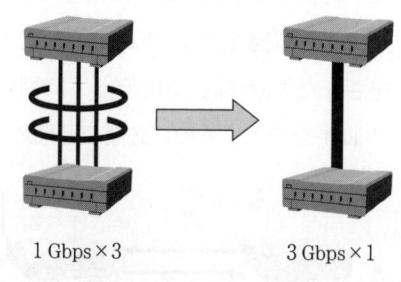

図3.5 ポートトランキング

のケーブルと見なせば，論理上 3Gbps のスピードのケーブルで対象機器間をつないでいることになる（**図 3.5**）。

なお，**ポートトランキング**は**リンクアグリゲーション**と呼ばれる場合もある。

3.4.5　スイッチングハブによるフロー制御【中級】

TCP/IP では LLC 副層の機能を利用しないため，そのままではデータリンク層（イーサネット）でのフロー制御を行うことができない。そこでフロー制御をスイッチングハブの追加機能として利用する場合がある。

通信が半二重で行われている状態で，相手からの通信を一時的に止めたい場合は，CSMA/CD の衝突検出を逆に利用してわざと信号を衝突させるのである。送信側は信号が衝突した場合，ランダムな時間だけ送信を中止するので，受信側に処理的な余裕が生じるまで信号を衝突させてやれば，結果的にフロー制御を行ったのと同等の効果を得ることができる。この手法を**バックプレッシャ**と呼ぶ（**図 3.6**）。

図 3.6　バックプレッシャ

一方，全二重通信を行っている場合はもっとスマートで，相手の送信を止めたい場合には中断時間を設定した **PAUSE フレーム**と呼ばれるデータを相手に送信する（**図 3.7**）。相手が PAUSE フレーム機能をサポートしていれば，「指定された中断時間×512 ビット時間」だけ送信を中断する。なおビット時間とは 1 bit を転送するのに必要な時間のことである。

図 3.7　PAUSE フレーム

3.4.6 ポートミラーリング【中級】

スイッチングハブでは，送信先のノードが接続されている通信ポートにのみフレームを転送する。これによりフレームの衝突を回避し，さらには他の通信ポートでのフレームの盗聴を防止することが可能である。

しかしながらこの機能は，メンテナンスや実験，セキュリティチェックのために通信中のフレームの内容を検査したい場合などには非常に不便である。リピータハブであればこのような問題は発生しないが，問題の解決のためにスイッチングハブをわざと性能の劣るリピータハブに交換するのも考え物である。

そこでスイッチングハブでは，特定の通信ポートへ伝送されるフレームをコピーし，同時に他の通信ポートへの転送を行う**ポートミラーリング**機能を搭載している場合もある（図 3.8）。ただし，ポートミラーリング機能を使用して，特定ノードへ伝送されるフレームのコピーを他のノードで受信するには，その受信ノードの NIC を**プロミスキャスモード**にする必要がある。

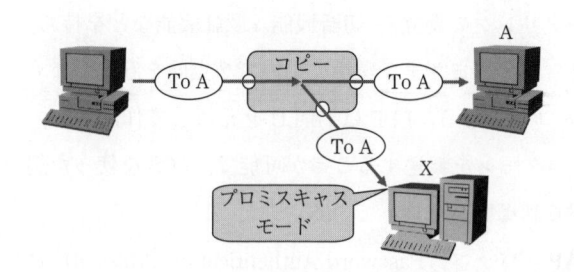

図 3.8　ポートミラーリング

通常の NIC のモードでは自分宛のフレーム以外は破棄してしまうが，プロミスキャスモードであれば，宛先に関係なくすべてのフレームを受信することが可能となる。

3.5　データリンク層のプロトコル

データリンク層の代表的なプロトコルにはイーサネット，HDLC，PPP，ISDN などがある。このうちイーサネットは前章でも述べた通り，物理層とデータリンク層にまたがる重要なプロトコルであるので，次節で別に解説を行う。

3.5.1 HDLC

HDLC（Highlevel Data Link Control）はおもに2台の通信機器（ノード）間のシリアル通信で使用されるプロトコル（厳密には1対多も可能）で，巡回冗長検査（CRC）を使用した強力な誤り制御機能や全二重通信機能を持ち，信頼性の高い通信を行うことが可能である。

これ以前に使用されていたプロトコルである BASIC 手順と比べて，任意のビットパターンを転送できるという利点がある。

3.5.2 PPP

PPP（Point to Point Protocol）は2台のノード間（point to point）を直接接続するための標準的なプロトコルである。ブロードバンド接続環境以前に，モデムを使ったインターネットへのダイアルアップ接続で広く使用されていたプロトコルでもある。

PPP は回線の接続（データリンクの確立）・切断機能，認証機能などを持ち，ダイアルアップ環境に留まらず，さまざまな環境において2点間を直接つなぐことができる柔軟なプロトコルである。PPP は HDLC を元にして作成され，HDLC 同様に任意のビットパターンを転送することが可能で，FCS を使った巡回冗長検査による強力な誤り制御機能も持っている。

PPP の認証機能では **PAP**（パップ，Password Authentication Protocol）と **CHAP**（チャップ，Challenge Handshake Authentication Protocol）が使用可能であるが，PAP では入力したパスワードがそのまま通信路上を流れるので，特別な理由がない限りは使用すべきではない。

一方，CHAP はランダムに生成した使い捨てのチャレンジキーを利用した，チャレンジ＆レスポンス認証方法で，パスワードが直接通信路上を流れることがないので比較的安全である。

今日では，PPP は VPN（Virtual Private Network）などでトンネリングを行う場合に，カプセル化を行うプロトコルとして用いられる場合が多い。

3.6 イーサネット

3.6.1 イーサネットの概要

イーサネット（Ethernet）はTCP/IPのネットワークインタフェース（リンク）層で使用されるプロトコルであり，OSI参照モデルでは物理層とデータリンク層に相当する．つまり，イーサネットはケーブル上に信号を流し，同じネットワーク内の隣接する通信機器（ノード）に確実に信号を届ける機能を持つ（物理層とデータリンク層の機能）．

イーサネットは1973年にXerox社のパロアルト研究所で実験用ネットワークとして開発された．当時パロアルト研究所では，アラン・ケイがアルト（alto）と呼ばれるコンピュータを利用して，今日のパソコンのGUI（グラフィカルユーザインタフェース）の先駆けとなる研究を行っていたが，イーサネットはこのアルトを結ぶネットワークとして開発されたのである．

イーサネットは，かつて光のメディア（光を伝える物質：媒体）として考えられていた仮想的な物資であるエーテル（ether）を語源に持っている．エーテルは不可視で触ることもできないと考えられていたが，現代物理学ではマイケルソンとモーリーによる有名な光速度（の変化）の測定実験により，その存在は否定されている．しかしながら「目には見えず，感じる（測定する）こともできないが，確実に光（情報）を伝えるメディア」というイメージがこのネーミングには存在する．

イーサネットを使用したTCP/IPネットワークは現在では最も一般的なネットワーク（LAN）で，トポロジーとしては（今日では）ほとんどがスター型であり，メディアアクセス方式としてはCSMA/CDが採用されている．

組織内ネットワーク（LAN）としての一般的な使用形態では，中央制御装置（ハブ）として100Mbps～10Gbpsのスイッチングハブが多段で接続され（**図3.9**），ケーブルにはRJ-45のモジュラジャック付きのツイストペアケーブルが利用される．

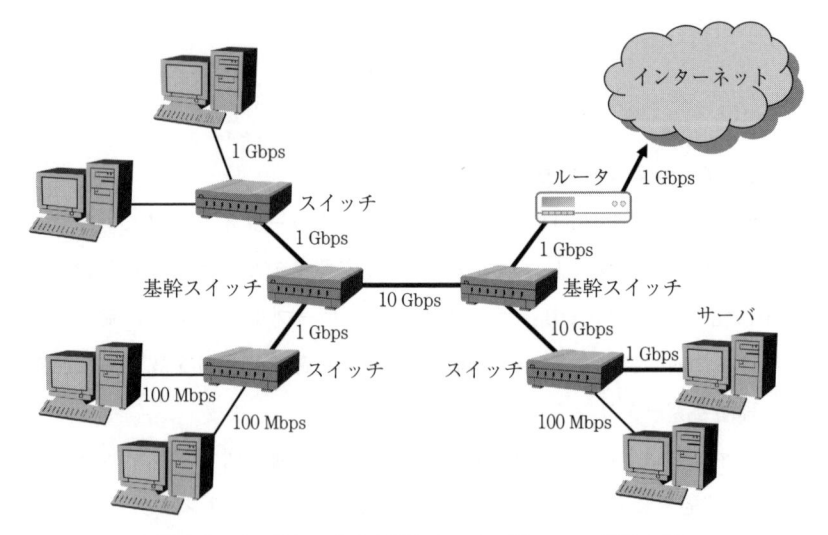

図3.9 イーサネットを利用したスター型LANの単純な例

ツイストペアケーブルは，利用可能な最大伝送速度と伝送帯域によってカテゴリに分類され，CAT3（10Mbps，16MHz），CAT5（100Mbps，100MHz），

表3.1 イーサネットのおもな規格

規格名	最大速度	最大長	ケーブル	伝送メディア	標準化規格
10BASE-T	10Mbps	100m	CAT3，CAT5	2対4線	IEEE802.3i
100BASE-TX	100Mbps	100m	CAT5/5E	4対8線	IEEE802.3u
100BASE-FX	100Mbps	20km，2km	SMF，MMF	長波長光（1300nm）	IEEE802.3u
1000BASE-T	1Gbps	100m	CAT5E，CAT6	4対8線	IEEE802.3ab
1000BASE-SX	1Gbps	550m	MMF	短波長光（850nm）	IEEE802.3z
1000BASE-LX	1Gbps	5km，550m	SMF，MMF	長波長光（1300nm）	IEEE802.3z
10GBASE-T	10Gbps	100m	CAT6/6A	4対8線	IEEE802.3an
100GBASE-SR10	100Gbps	100m	MMF	短波長光（850nm）	IEEE802.3ba
100GBASE-LR4	100Gbps	2km	SMF	長波長光（1300nm）	IEEE802.3ba

- 100BASE-TX は 10BASE-T と互換性がある。
- SMF，MMF は光ファイバケーブルで，それぞれシングルモード光ファイバ，マルチモード光ファイバを表す。
- 100BASE-FX では SMF を使用する場合の最大長は 20km，MMF では 2km（全二重）である。
- 1000BASE-LX では SMF を使用する場合の最大長は 5km，MMF では 550m である。

CAT5E（1Gbps，250MHz），CAT6（1Gbps，250MHz），CAT6A（10Gbps，500MHz）などがある．（注：CAT4はトークンリング用）

通信規格は100BASE-TXなどと表記され，この場合の100は最大通信速度（100Mbps）を，BASEは伝送方式がケーブル上に一度に1種類の信号しか乗せられないベースバンド伝送であることを，Tはケーブルとしてツイストペアケーブルを使用することを表している．またXはケーブルの物理特性がANSI X3.230のファイバチャネル仕様に基づいていることを表す．**表3.1**におもなイーサネットの規格を示す．

3.6.2 DIXイーサネットとIEEE802.3

イーサネットは1980年にDEC，Intel，Xerox社により標準化され，このとき定められた規格は3社の頭文字をとって**DIXイーサネット**と呼ばれている．

DIXイーサネットは，その後IEEEの802委員会により**IEEE802.3**としても標準化されているが，DIXイーサネットのフレームとIEEE802.3のフレームには若干の違いがある．ただし実際にTCP/IPで使用されているイーサネットといえば，ほとんどがDIXイーサネットである．

図3.10に両者のフレームの構造を示す．図からわかるように，プリアンブ

DIXイーサネット（TCP/IP）

プリアンブル (8)	宛先アドレス (6)	送信元アドレス (6)	タイプ (2)	データ (46～1 500)	FCS (4)

IEEE802.3

プリアンブル (7)	SFD (1)	宛先アドレス (6)	送信元アドレス (6)	長さ (2)	データ (46～1 500)	FCS (4)

- プリアンブル（+SFD）：同期を取るための信号．通常はフレームの一部と考えない．
- SFD（Start Frame Delimiter）：10BASEで使用される．100BASE以上では使用されない．
- 宛先アドレス：宛先のMACアドレス．
- 送信元アドレス：送信元のMACアドレス．
- タイプ：上位層のプロトコルを示すID．1 500より大きい値．
- 長さ：データの長さ．1 500Byte以下．
- データ：イーサネットフレームで運ぶデータ（パケット）．
- FCS：フレームチェックシーケンス．フレームのエラーを検出するためのCRC．
- CRC：サイクリックリダンダンシーチェック（巡回冗長検査）．

図3.10 イーサネットとIEEE802.3のフレーム（ ）内は該当データのByte長

ル（+SFD）部を除いた各フレームの最大サイズは1518Byte[†]である。

3.6.3 イーサネットフレームのスイッチング

スイッチングハブによるイーサネットフレームの中継の仕方には以下の3種類がある。

1) **ストアアンドフォワードスイッチング**（全体をエラーチェックする）
2) **フラグメントフリースイッチング**（先頭64バイトのみエラーチェックする）
3) **カットスルースイッチング**（エラーチェックなし）

ストアアンドフォワードスイッチングでは，入力されたフレーム全体をスイッチングハブ内のバッファに保存し，**FCS**を用いて検査を行う。もしエラーを発見した場合にはフレームを破棄する。最も安全性の高い処理方法であるが，処理に時間がかかる場合がある。

これに対して，フラグメントフリースイッチングではフレームの先頭64Byteのみを検査し，フレームデータとして異常がある場合はこれを破棄する。イーサネットフレームでは先頭64Byteの部分が最も壊れる可能性が高いため，このような処理を行っている。ストアアンドフォワードスイッチングに比べ，メモリ量も少なくて済むのでコストパフォーマンスはよい。

また，カットスルースイッチングではフレームのエラー検査は行わず，先頭の宛先アドレス（MACアドレス：6Byte）のみを見てスイッチング（出力ポートの決定）を行う。最も転送速度の速い処理方式であるが，エラーを持ったフレームも転送してしまう可能性がある。エラーフレームがネットワーク上を大量に流れると，停止や誤作動してしまうスイッチングハブもあるため，ネットワーク全体がダウンする可能性もある。

以前はコストパフォーマンスの関係からフラグメントフリースイッチングが主流であったが，現在ではハードウェアで高速にエラー検査ができるように

[†] 本書では特に断らない限り1Byte=8bitとする。

なったため，ストアアンドフォワードスイッチングが主流となっている。

スイッチングハブの転送効率を表す言葉に「**ワイヤスピード**」という言葉がある。ワイヤスピードとは，スイッチングハブの入力ポートと出力ポートが物理的に直接結線されている場合と同等のスピードで動作する，つまり規定された通信速度（100Mbps や 1Gbps など）において，フレームの入力と出力にスイッチングハブの内部処理によるタイムラグが発生しないということである。

3.7 誤り検出

3.7.1 パリティチェック

最も単純な誤り検出である**パリティチェック**ではビットパターンのチェックを行う。検査に先立って，送信側と受信側で，チェックを何ビットごとに行うか（伝送ブロックのビット長），またパリティを偶（even）にするか奇（odd）にするかをあらかじめ決めておく。

送信側では伝送ブロックのビット列の最後にパリティビットと呼ばれる 1bit のデータを付加する。このとき送信側と受信側で決めたパリティが偶なら，パリティビットも加えた全体のビット列中の 1 の数が偶数になるようにパリティビットを設定する。同様にパリティが奇なら，全体の 1 の数が奇数になるようにパリティビットを設定する。

3.7.2 チェックサム

チェックサムでは，あるデータ長ごとに足し算を行い，その結果を検査に用いる。送信側と受信側では検査を行うブロックの長さ（伝送ブロック長）と検査の単位となるデータ長をあらかじめ定めておく。多くの場合では，ブロック長に 16Byte，データ長に 1Byte の値が使用される（つまり 16Byte のデータに対して，1Byte ずつ足し算を行う）。

送信側では，送信する伝送ブロックに対してデータ長ごとにすべて足し合わせ，結果（チェックサム）を伝送ブロックの最後に付加する。チェックサム

は，必ずデータ長以下（先に述べたように通常では1Byte）でなければならず，足し算の結果がそれ以上になった場合は，オーバフローした分を切り捨てる。

受信側でも受信データのチェックサムを計算し，それを送られて来たチェックサムと照合する。もしチェックサムが異なっていれば，受信データは誤っていることがわかる（どこが誤っているかはわからない）。

チェックサムは，パリティチェックより高性能だが，前後のデータが入れ替わっているような，複数のデータが連続して誤り（**バースト誤り**）を起こしている場合には，誤りを検出できないことがある。

3.7.3 巡回冗長検査

パリティチェックやチェックサムでは，バースト誤りが発生している場合には誤りを検出できないことがある。バースト誤りを起こしている場合にも誤りの検出も行うには，**巡回冗長検査**（CRC, Cyclic Redundancy Check）と呼ばれる手法が利用される。巡回冗長検査では多項式を用いて誤りの検出を行う。

巡回冗長検査は，チェックサムやパリティチェックよりも高性能で，計算の負荷もそれほど高くはないことから，多くの通信プロトコルで誤り検出の手法として利用されている。またパリティチェックは最も単純な巡回冗長検査であるともいえる。

巡回冗長検査では，送信データを多項式の係数と見なし，それをあらかじめ定めた生成多項式で割って剰余（余り）を求める。さらにこの剰余（BCC, Block Check Code）を元のデータに付加（足し算）して送信する。

ただしここでの計算は通常の2進法の計算ではなく，Modulo2と呼ばれる手法で行われる。Modulo2の計算方式では，元のデータに剰余（BCC）を足し算（付加）するということは，元のデータから剰余（BCC）を引き算しているのと同等である（なおModulo2の詳しい計算方法については別途参考書を参照すること）。

受信側では，もしデータに誤りがなければ，BCCを含む受信データの多項式を送信側と同じ生成多項式で割ってやれば，剰余は0になるはずである（た

だし，剰余が0であるからといって，絶対に誤りがないとは言い切れない）。剰余が0にならない場合には，受信データには誤りがあることになる。

生成多項式にはいくつか種類があるが，おもなものを**表3.2**に示す。

表3.2 生成多項式

名称	BCC長	生成多項式
CRC-6	6bit	X^6+X^5+1
CRC-8	8bit	X^8+X^2+X+1
CRC-16	16bit	$X^{16}+X^{15}+X^2+X+1$
CRC-ITU-T	16bit	$X^{16}+X^{12}+X^5+1$
CRC-32	32bit	$X^{32}+X^{26}+X^{23}+X^{22}+X^{16}+X^{12}+X^{11}+X^{10}+X^8+X^7+X^5+X^4+X^2+X+1$

3.8 VLAN【中 級】

3.8.1 ポートVLANとVLANタギング

VLAN（ブイラン，Virtual LAN）はスイッチングハブ（データリンク層）の機能である。VLANを利用することにより，物理的なネットワークに制限されることなく，論理的なネットワークを構築することが可能となる。

VLANではスイッチングハブの通信ポートごとにVALN IDを割り当て，同じVLAN IDを持つ通信ポートが同じネットワークとして認識される（この手法を**ポートVLAN**と呼ぶ）。逆にいえば，VLAN IDの違う通信ポートは違うネットワークに属することになるので，それらの通信ポート間の直接的な通信（データリンク層での通信）は不可能になる。

複数のスイッチングハブを接続してVLANを形成する場合には，**タッグドポート**（ベンダにより呼び方が変わる場合もある）と呼ばれる通信ポートを用意し，そのポートを使ってスイッチングハブどうしを接続する（**図3.11**）。タッグドポート上では，スイッチングハブ内の複数のVLANのフレームが同じケーブル上を流れる。これらのフレームを区別するために，各フレームにはそれぞれが属するVLANを示すVLAN IDのタグ（VLANタグ）が付加される

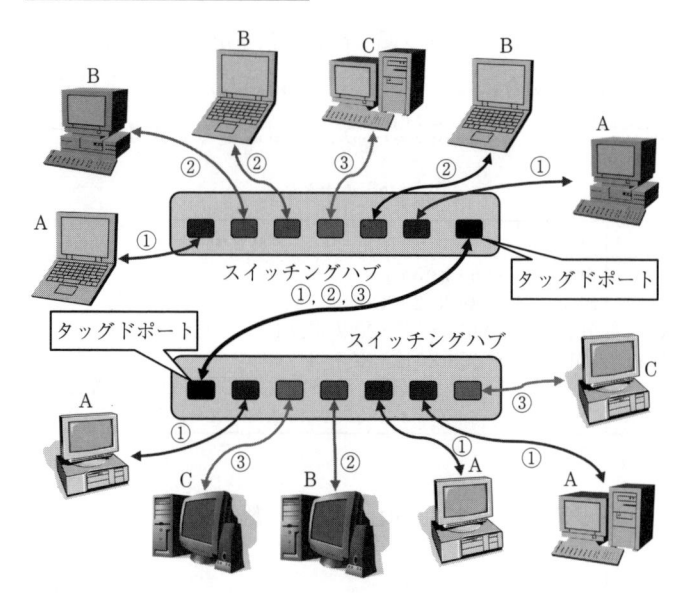

図 3.11 VLAN（図中の A，B，C は属するネットワークを表し，まる数字は VLAN ID を表わす）

（この手法を **VLAN タギング**または**タグ VLAN** と呼ぶ）．

4Byte の VLAN タグが付加されるため，タッグドポート上のフレームサイズの上限は 1 522Byte となる（通常は最大 1 518Byte）．これらの VLAN タギングの手法は IEEE802.1Q として標準化されている．

VLAN タギングの応用として，スイッチングハブの通信ポートをすべてタッグドポートにし，各ノード（PC）の NIC 側で VLAN タグを処理する方法もある．この場合は，各ノード（PC）の NIC ごとにネットワークを設定でき，同じ NIC を使用していれば，場所の移動に関係なくどのスイッチングハブのポートに接続しても，必ず同じネットワークに参加することが可能となる．

3.8.2 VLAN 環境でのルーティング

VLAN はデータリンク層の機能であるため，異なった VLAN 間で通信を行う場合にはルータまたは Layer3 のスイッチングハブ（L3 スイッチ）が必要となる．

例えば，図3.12において，ノードAから異なったVLAN上のノードBへ通信を行う場合，スイッチングハブ1にはルータが存在しないため，ノードAからの通信データはスイッチングハブ2のルータを経由して，再びスイッチングハブ1に戻ってこなければならない（図3.12の点線の矢印）。

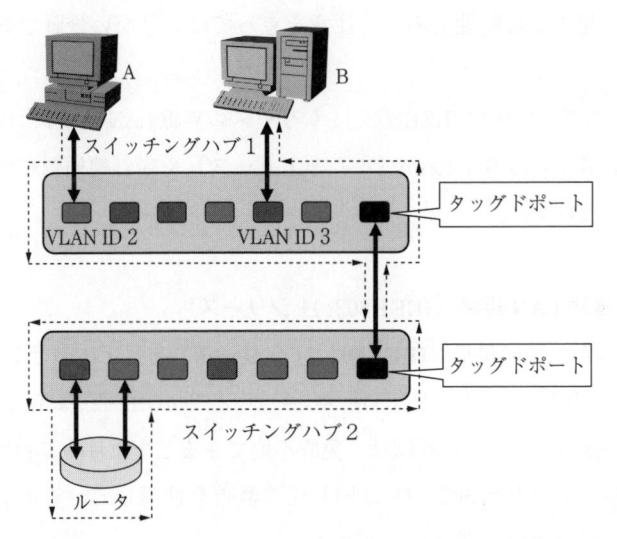

図3.12 VLAN環境下でのルーティング（A→Bの通信）

このように，VLANを使用すると非常に柔軟に論理ネットワークを形成することができる一方，場合によっては通信効率が悪くなる恐れがある。

3.9 無線LAN【中級】

3.9.1 無線LANの概要

無線LANは煩わしいケーブリングを必要とせず，物理的に配線が不可能な環境であっても使用できるなど利便性の高い通信形態であるが，一方ではセキュリティの維持が難しく，使い方を誤ると思わぬトラブルに巻き込まれる恐れもあり，注意が必要である。

近年では，屋外におけるホットスポット（無線LANが使用可能なエリア）

の数も急増し，将来的にはすべての携帯電話が無線 LAN を通してインターネットに直接接続する計画になっているなど，一般社会にも広く浸透し始めている．

技術革新の速度も速く，新たな機能の追加やセキュリティホールの発見なども短期間に起こる可能性もあり，注意を怠ってはいけない分野であるといえる．

なお，ここでの解説は IEEE 802.11 シリーズの無線 LAN 規格について行う．無線通信規格である Bluetooth（ブルートゥース）や赤外線通信についてはここでは取り扱わない．

3.9.2 無線 LAN 規格（IEEE 802.11 シリーズ）

おもな無線 LAN の規格（**IEEE 802.11 シリーズ**）を以下に挙げる．

【**IEEE 802.11 b**】 802.11b で使用される 2.4GHz 帯は ISM（Industry Science Medical）バンドと呼ばれ，免許不要でさまざまな目的で利用可な周波数帯である．そのため 802.11b は同じ周波数帯を使用している電子レンジや Bluetooth などと電波干渉を起こしやすい．

5MHz ごとの間隔で 13 個のチャネルと 802.11b 専用の 1 チャネルを持つが，チャネルの幅は約 22MHz であるため，チャネルどうしは重なり合って配置されていることになる．したがって，隣り合わせのチャネルは干渉を起こしやすく，干渉を完全に防ぐには四つ以上のチャネル間隔を空ける必要がある（**図 3.13**，チャネルの区分は国によって異なる）．

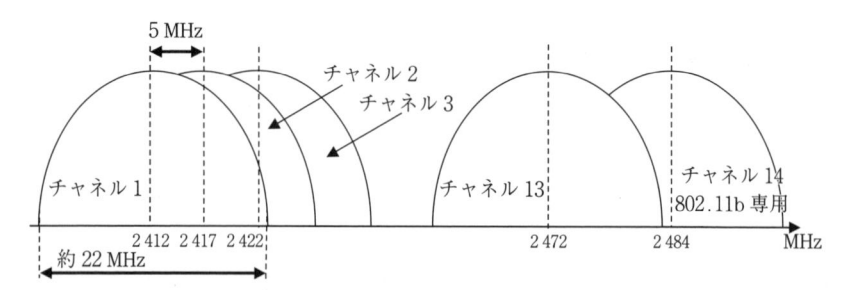

図 3.13 IEEE 802.11b/g のチャネル帯域

速度も最大11Mbpsと低速であり，現在ではほとんど使用されることはない。

【IEEE802.11g】 802.11bの上位互換規格であり，802.11bと同じ周波数帯域とチャネルを使用する（図3.13，ただしチャネル14は使用しない）。したがって，802.11bと混在させることも可能だが，802.11bと同様に電子レンジやBluetoothなどと電波干渉を起こしやすい。

最大速度は54Mbpsで，802.11aと並んで現在の無線LANの標準的な規格となっている。

【IEEE802.11a】 802.11b/gとは互換性のない，高速無線LAN規格である。5GHzの周波数帯を使用し，802.11gと同じ最大54Mbpsの通信速度を実現する。使用するチャネルも完全に分離しており，チャネル間の干渉は発生しない。電子レンジやBluetoothなどとの電波干渉も少ない。

【IEEE802.11n】 802.11a/gに続く高速無線LAN規格である。2009年9月にそれまでのドラフト（草案）が正式な標準としてそのまま採択された。

複数アンテナで送受信を多重化する**MIMO**（マイモ，Multiple Input Multiple Output）技術を利用し，802.11a/b/gとの互換性を保ちながら100Mbps超の通信速度を実現する規格である。

【IEEE802.11i】 無線LANでのセキュリティ規格である。ただし，策定途中でWEPの脆弱性が問題となったため，2002年10月に802.11iの一部分を前倒しでWPAとして標準化した。その後，802.11iは2004年6月に正式に標準化され，WPA2の基本規格となった。

【IEEE802.11e】 無線LANでQoS（Quality of Service）を実現するための追加規格である。優先度の高い通信フレームに対して，先行転送を行うEDCA（Enhanced Distributed Channel Access）機能と専用帯域を割り当てるHCCA（Hybrid coordination function Controlled Channel Access）機能によりQoSを実現する。

【IEEE802.11ac】 5GHz帯で最大6.93Gbpsの通信速度を実現する。2014年4月の段階ではまだドラフト（草案）だが，製品は先行販売されている。

3.9.3 衝 突 検 出

イーサネットでは信号の衝突検出方式（メディアアクセス方式）として，CSMA/CD を採用していた．しかしながら無線 LAN において，送信ノード側は空中における電波の衝突（干渉）を検知することは不可能なので，CSMA/CD を利用することはできない．

無線 LAN では **CSMA/CA**（Carrier Sense Multiple Access with Collision Avoidance）と呼ばれる手法で衝突回避を行う．CSMA/CA では，各ノードは使用周波数における電波の強度をチェックすることによりキャリアのセンス（carrier sense）を行う．他のノードが通信を行っている場合にはランダムな時間だけ待機した後，さらにランダムな時間電波強度をチェックし，通信中の他ノードが存在しなければ信号の再送を行う．

また，受信側では信号を受信した場合，信号が衝突（干渉）なしに受信側に確実に到達したことを知らせるために送信側へ確認応答用の ACK フレームを送信する（CSMA/CA with ACK）．

ただし，例えば図 3.14 のような場合，受信ノードである AP（アクセスポイント）ではノード A とノード B からの電波を検知できるが，ノード A と B はたがいの電波が届かないため，相手の送信を電波強度のチェックからでは検知することができない（**隠れ端末問題**）．

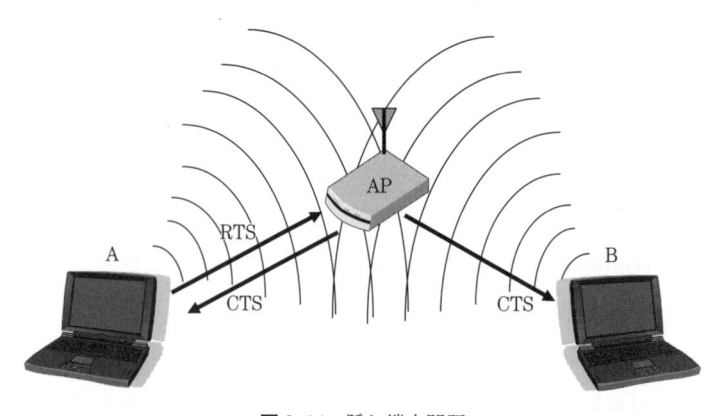

図 3.14 隠れ端末問題

3.9 無線 LAN【中級】

このような状況で電波の衝突（干渉）を回避するために RTS（Request To Send）フレームと CTS（Clear To Send）フレームが使用される場合がある。送信を行おうとするノードは AP に対して RTS フレームを送信し，AP は受信可能であれば CTS フレームを返信する。もし自分が RTS フレームを送信していないにもかかわらず AP から CTS フレームを受信した場合には，他のノードが AP と通信を行っていることになるので，一定時間通信を停止する（CSMA/CA with RTS/CTS）。これにより，隠れ端末が存在している状況でも，電波の衝突（干渉）を回避することが可能となる。

以上のように無線 LAN のメディアアクセス制御は有線に比べ非常に複雑であり，これらの処理のオーバヘッドだけで無線 LAN の通信効率は公称値の60%〜70%程度になるとさえいわれている（ノードとアクセスポイント間の電波の強度や輻輳の有無，TCP/IP の使用によるオーバヘッドなどにより実際の通信効率はさらに低下する）。

3.9.4 ESS-ID（SS-ID）

無線 LAN では複数の通信チャネルを持つことにより混線を防止しているが，チャネル数も有限であるため，多数の AP が存在するような環境ではどうしても通信チャネルが被ってしまう。

通信チャネルが被って（干渉ではなく）混線した場合に，通信エリアを特定するための識別 ID が ESS-ID である。ESS-ID はデフォルトでは，無線 LAN カードの MAC アドレスを元に自動生成される。通常は，AP とノード間で ESS-ID を一致させないと AP に接続できないが，AP を ANY 接続のモードに設定した場合は ESS-ID に関係なく接続が可能となる。

3.9.5 無線 LAN の通信モード

無線 LAN における通信モード（端末ノードのモード）には**アドホックモード**と**インフラストラクチャモード**がある。

アドホックモードは端末ノードどうしの通信であり，携帯ゲーム機どうしの

通信などもこれに該当する。インフラストラクチャモードは AP（アクセスポイント）を通して通信を行う通常のモードである。

アドホックモードではノード（PC）からノード（PC）に直接コンピュータウィルスが感染する可能性もあり，注意が必要である。また，インフラストラクチャモードにおいても，同じ AP に接続しているノードどうしは直接接続できないような設定を行い，ノード間でのウィルス感染を防止する場合もある。

3.9.6 無線 LAN のセキュリティ

無線 LAN は非常に便利である一方，一般ユーザのセキュリティに関する意識は総じて低く，今日一般家庭などでは，無線 LAN のセキュリティ対策は緊急を要するレベルにある。つまり，それらの環境の大半は何時トラブルに巻き込まれても不思議ではない状況にあるといえる。

無線 LAN においてセキュリティを考慮しない場合，悪意ある第三者による通信内容の傍受やネットワーク内の PC の不正利用，他の組織への攻撃の踏み台にされるなどの被害を受ける可能性が十分にある。無線 LAN を使用する場合は，その利便性とセキュリティ機能を十分に把握し，慎重に利用しないと思わぬ落とし穴にはまる危険性がある。

（1）**ESS-ID による接続制限**　通常では AP（アクセスポイント）の ESS-ID がわからなければ，無線ノードは AP にアクセスすることはできない。その機能を利用して ESS-ID を隠すことにより，アクセスを制限しようと試みる場合がある。しかしながら，ESS-ID はもともとセキュリティのための機能ではなく，ESS-ID のビーコン信号を受信すれば簡単に ESS-ID を割り出すことができる。

また ESS-ID のビーコン信号を止める ESS-ID ステルスと呼ばれる機能もあるが，この場合でも無線ノードと AP の通信内容を傍受して解析すれば，簡単に ESS-ID を割り出すことが可能である。ESS-ID ステルスの使用は，ESS-ID を設定せずに ANY 接続を許可するなどといった状況よりは幾分ましであるが，それでセキュリティが確保されるわけではない。

3.9 無線LAN【中級】

(2) MACアドレスによるフィルタリング　MACアドレスはNICのROMに焼き付けられていることから，偽装が不可能であると思い込んでいるユーザも多い．しかしながら，MACアドレスを読み出すプログラム（システムコール）の改変や，メモリ上のMACアドレスのキャッシュ情報の改変などにより，MACアドレスは簡単に偽装することが可能である．

したがって，MACアドレスによる無線ノードのアクセス制限を行っていたとしても，通信の傍受により使用中のMACアドレスを検出し，攻撃者のノードを検出したMACアドレスで偽装すれば，簡単にアクセスフィルタを突破することができる．

つまり，MACアドレスによるフィルタリングも決定的なセキュリティ対策とはならず，「できるならば行ったほうがよい」程度の意味しか持たない．

(3) 暗号化：WEP　無線LANの暗号化方式の一つである**WEP**（ウェップ，Wired Equivalent Privacy）は，現在では暗号の体を成していないといえる．つまりWEPにはその実装方法による欠陥が存在し，そのため解読する方法がすでに幾通りも知られており，簡単に解読することが可能だからである．

通常，WEPの解読は多数の通信パケットを収集し，その解析により行われる．有名な**KoreK's アタック**では数十万〜百万個のパケットを収集すれば，128bitの暗号化キー（WEPキー）であっても容易に割り出すことができる．数十万〜百万個のパケットというと非常に大量のパケットのように思われがちだが，現在の高速無線LANでは，20分から1時間ほど盗聴すれば収集することが可能である．

さらに，2008年には**TeAM-OK**（TeramuraAsakuraMorii-OhigashiKuwakado）攻撃と呼ばれる攻撃方法が発表され，この攻撃方法では3万個程度のパケットの解析でWEPキーを割り出すことが可能であるとされている．

以上より，現在では無線LANの暗号化方式としてWEPを選択することはほとんど意味のないこととなっている．

大量のパケットによるWEPキー解析の危険性は，すでに2001年頃から認識されている．それにも関わらず，現在でもWEPにより暗号化されている

AP は多数存在する。このことは無線 LAN のセキュリティに関するユーザの意識の低さを如実に表しているといえる。

（4） 暗号化：**WPA**　　**WPA**（Wi-Fi Protected Access）は，無線 LAN のセキュリティ規格である IEEE 802.11i の先行規格である。2002 年に WEP の脆弱性が広く認識されるに至り，当時策定中であった IEEE 802.11i の一部分を急遽，前倒しで規格・標準化したものが WPA である。暗号化には **TKIP**（Temporal Key Integrity Protocol）を使用する（現在はオプションで AES も使用可能）。

TKIP は暗号方式は WEP と同じであるが，一定時間または一定パケットごとに WEP キーを変更する仕組みになっている。WEP より安全であるが，20 分以上同じキーを使っている場合は使用中の WEP キーを解析される恐れがある（TeAM-OK 攻撃を受けた場合はもっと短い時間でも危ない）。

また IEEE 802.1x によるユーザ認証を組み合わせることも可能であるが，一般家庭などで 802.1x を使用しない場合は，事前共有（PSK）キー（つまり初期 WEP キー）の入力を必要とする（WPA-PSK）。

WPA はソフトウェアで実現できるため，古い機器でもファームウェアの更新により対応可能である。

（5） 暗号化：**WPA2**　　**WPA2**（Wi-Fi Protected Access 2）は IEEE 802.11i の実装規格である。暗号化に米国の標準暗号である **AES**（Advanced Encryption Standard）を使用し，IEEE 802.1x によるユーザ認証機能も備えている（現在はオプションで暗号化に TKIP も使用可能）。WPA と同様に 802.1x を使用しない場合には，事前共有キーを必要とする（WPA2-PSK）。しかしながら，このキーが短いものであったり，または単純であったり，辞書に載っている単語である場合には，最初のセッション開始時のネゴシエーション用のパケットを盗聴するだけで，**ブルートフォース（総当り）攻撃**や辞書攻撃が可能であるとの報告もある（この問題は WPA でも発生する）。

セッション開始時のパケットを傍受するために，わざと接続中のセッションを妨害して通信を切断させ，再セッションを行わせる手法もある（**DEAUTH**

ATTACK)。

したがって，事前共有キーが短い，単純である，または辞書に載っている単語であるような場合には，WEPよりさらに危険性が大きいといえる。

なお，WPA2の暗号化方式であるAESは処理の負荷が高く，AESを使用するとAPへの同時アクセス数が大幅に制限される場合がある。

（6）**暗号化：IEEE802.1x＋EAP**　WPA-802.1x，WPA2-802.1xはWPA，WPA2において，IEEE802.1xでユーザの認証を行い，動的なWEPやAESキーを端末に配布（一定時間ごとに更新）する方式である。事前共有（PSK）キーを必要とせず，ホットスポットや大学などで使用する場合には，現時点で最も安全性の高い方式である。

IEEE802.1xはRadiusサーバ（認証サーバ）などを利用したユーザ認証の規格であり，802.1x自体には暗号化機能がなく，暗号化された認証を行う場合にはEAP（Extensible Authentication Protocol）と呼ばれる認証プロトコルを組み合わせなければならない。

EAPはPPPを拡張したプロトコルで，認証方式によりいくつかのモードに分類される。ただしEAPを使用する場合には端末に「**サプリカント**」と呼ばれる認証ソフトをインストールすることが必要となる（MS Windowsでは，EAPのモードによっては，デフォルトでサプリカントを内蔵している場合もある）。

IEEE802.1x＋EAPではスイッチングハブなどの対応も必要で，ネットワーク内のすべての通信機器が，これらの機能をサポートしないとネットワークを形成することができない（**図3.15**）。

（7）**偽のAP（双子の悪魔）**　双子の悪魔（evil twins）とはホットスポットや大学などで，事前共有キーが公表または解析されている場合，盗聴者が偽のAPを立ててそこにユーザ端末を誘い込む手法である。APが1個しかない環境では端末からAPの状態を確認することにより発見可能であるが，多数のAPがあるホットスポットや大学などでは，IEEE802.1xを用いて（サーバ側が端末を認証するだけでなく）端末側からもサーバを認証する「相互認証」を

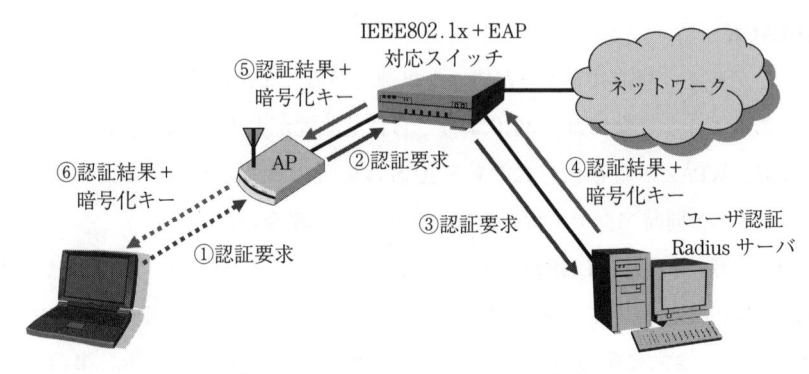

図3.15 IEEE802.1xによるユーザ認証

行わないと，evil twins を発見することは難しい。

　一方，盗聴者がわざと設定ミスを装ってオープンな AP を公開する恐れもある。もし一般ユーザがこのような AP に接続してしまった場合，HTTPS や SSL/TLS を用いて暗号化していない通信はすべて盗聴されてしまう可能性がある。

4章 ネットワーク層

4.1 ネットワーク層（インターネット層）の機能

OSI参照モデルにおけるネットワーク層のおもな機能は以下の3点である。
1) セグメントデータのパケットによるカプセル化とアンカプセル化
2) 論理アドレスを利用した，異なるネットワーク上のノードとのパケット交換
3) ルーティングプロトコルを利用した通信経路の決定

ネットワーク層では，トランスポート層のセグメントデータがパケットによってカプセル化される。もしセグメントデータがパケットに入りきらない場合は，一定以内の長さに分解（フラグメント化）され，複数のパケットによってカプセル化が行われる（受信の場合は逆の手順でアンカプセル化される）。

その後，パケットはルーティングプロトコルにより決定された通信経路を経て，異なった（もしくは同一の）ネットワーク上にある通信機器（ノード）へ転送される。

TCP/IPプロトコルでは，OSI参照モデルのネットワーク層に相当するものはインターネット層である。したがって上記の三つの機能はTCP/IPではインターネット層の機能となる。またTCP/IPの**インターネット層**で使用されるプロトコルは，**IP**（Internet Protocol，**インターネットプロトコル**）であるので，結局TCP/IPにおいて上記の三つの機能を実現するプロトコルはIPで

あるといえる。

データリンク層の物理アドレス（MAC アドレス）は同じネットワーク内でしか利用できないため，ネットワークを越えてノード間で通信を行うためには，各ノードに物理アドレスとは別に論理アドレスを付与する必要がある。TCP/IP ではこの論理アドレスは IP のアドレス，すなわち **IP アドレス**と呼ばれている。

MAC アドレスは物理的なアドレスであり，IP アドレスは論理的なアドレスである。別の言い方をすると，MAC アドレスはハードウェアが使用するアドレスであり，IP アドレスはソフトウェアが使用するアドレスであるともいえる。付け加えていうならば，人間が使用するアドレスはドメイン名（正確にはFQDN）である。

また，IP では IP アドレスを用いてユニキャスト（1 対 1）通信，ブロードキャスト（1 対不特定多数）通信，マルチキャスト（1 対特定多数）通信を行うことが可能である。

TCP/IP ネットワーク（TCP/IP プロトコルを使用したネットワーク）において，IP アドレスを理解することは非常に重要なことであり，IP アドレスが理解できるかどうかが TCP/IP ネットワークを理解できるかどうかに直結するといっても過言ではない。

4.2 IP アドレス

IP アドレス（Internet Protocol Address）は，TCP/IP におけるネットワーク層（インターネット層）のプロトコルである IP が使用する論理アドレスである。長さは 32bit で，8bit ずつ 10 進表記で．（ドット）で区切って記述する（図 4.1）。したがって IP アドレスの範囲は 0.0.0.0 〜 255.255.255.255 であり，．（ドット）で区切られたそれぞれの数字は 0 〜 255 の範囲になければならない。

IP アドレスは通信機器（ノード）の論理的なアドレスを示すもので，一部

```
IPアドレス：      202.26.159.139
サブネットマスク： 255.255.255.0
併記による表現：  202.26.159.139/255.255.255.0
```

図 4.1　IP アドレスの例

の例外を除いて世界的に一意でなければならない（世界の中で同じものがあってはいけない）。したがって基本的に IP アドレスは各組織のネットワーク管理部門が割り振るべきもので，特別な場合（割り当てた IP アドレスに対して，そのネットワークが完全に閉じている場合など）を除いて，ユーザ個人が勝手に IP アドレスを設定することは許されない。

現在では，**ICANN**（アイキャン，Internet Corporation for Assigned Names and Numbers）の **IANA**（アイアナ，Internet Assigned Number Authority）[†] によって，IP アドレスやドメイン名およびポート番号などのインターネット上のリソースの管理の総轄が行われている。各ネットワーク管理組織は，IANA（ICANN）を頂点とした分散管理を行っており，管理の階層構造は，通常，IANA（ICANN）→ RIR[††] → NIR[†††] → LIR[††††]/ISP → EU（End User）の順をたどる（ただし，インターネットの初期の頃にはこのような管理の階層構造は存在していなかった）。

日本における IP アドレスの管理組織のトップ（NIR）は JPNIC（ジェーピーニック，JaPan Network Information Center，日本ネットワークインフォメー

[†]　ICANN 以前には，IANA と呼ばれる組織団体が IP アドレスなどのインターネット上のリソースの管理・調整を行っていたが，1998 年にその業務は ICANN に移管された。現在では IANA という名称は，ICANN におけるインターネットリソースの管理・調整機能を指している。

[††]　**RIR**（Regional Internet Registry，地域インターネットレジストリ）は IANA（ICANN）から IP アドレスの割り当てを受け，下位の NIR に対して再割り当てを行う組織である。現在 RIR は，APNIC（アジア太平洋地域），ARIN（北米地域），RIPE NCC（欧州地域），LACNIC（中南米地域），AfriNIC（アフリカ地域）の 5 組織が存在する。

[†††]　**NIR**（National Internet Registry，国別インターネットレジストリ）は RIR から IP アドレスの割り当てを受け，国または地域単位で下位組織である LIR や ISP に IP アドレスを割り振る組織である。

[††††]　**LIR**（Local Internet Registry，ローカルインターネットレジストリ）はエンドユーザやサイトに IP アドレスを割り当てる組織であり，一般的には ISP（Internet Service Provider，インターネットサービスプロバイダ）のことを指す。

ションセンター)である。

IPアドレスは32bitであるので,単純に計算すると

$$2\wedge 32 = 2\wedge 10 \times 2\wedge 10 \times 2\wedge 10 \times 2\wedge 2 = 1\,024 \times 1\,024 \times 1\,024 \times 4$$
$$\fallingdotseq 4 \times 1\,000 \times 1\,000 \times 1\,000 = 4\,000\,000\,000 \quad (\wedge は累乗)$$

となり,約40億個のアドレスが使用可能である(正確には4 294 967 296個)。インターネットの初期段階ではこのアドレス数で十分であったが,インターネットが普及するにつれて,現在ではすでにアドレス数が足りなくなりつつある(人類一人につき1個のIPアドレスを配布することもできない)。

IPアドレスの個数の問題も含めて,現在のIP(IPv4:Internet Protocol version 4)にはいくつかの欠点が存在する。そのためIPの次期バージョンであるIPv6(Internet Protocol version 6)への移行が行われつつある(ちなみにIPv5は実験用のプロトコルである)。なお本書では,特にIPv6と明記しないでIPと記述した場合はIPv4を指すものとする。

4.2.1 IPアドレスの構造とサブネットマスク

IPアドレスはネットワークのアドレスを示す**ネットワーク部**とノード自身を示す**ノード部**(またはホスト部)からなる。

IPアドレスの構造:**IPアドレス=ネットワーク部+ノード(ホスト)部**

しかしながら,IPアドレスを一見しただけでは,どこがネットワーク部で,どこがノード部になるのかを判別することはできない。もしネットワーク部がどこかわからなければ,該当するネットワークへパケットを届けることは不可能となる。

そこで,TCP/IPではIPアドレスの対になる**サブネットマスク**(または単にネットマスク)と呼ばれるデータを用意して,IPアドレスのネットワーク部とノード部の明確な分離を行っている。サブネットマスクはIPアドレスと同じ32bitで,各ビットはIPアドレスのそれぞれのビットに対応している。

サブネットマスクの設定は,IPアドレスのネットワーク部に対応するビットをすべて1とし,ノード部に対応するビットをすべて0にすることにより行

4.2 IP アドレス

われる。

　サブネットマスクが 255.255.255.0 (ビットパターンでは 11111111 11111111 11111111 00000000) の場合は，最初に 1 が 24 個 (24bit) 続き，その後 0 が 8 個 (8bit) 続くため，IP アドレスの先頭 24bit (3Byte) がネットワーク部で，残りの 8bit (1Byte) がノード部ということになる。

　例えば IP アドレスが 192.168.11.100，サブネットマスクが 255.255.255.0 の場合は，192.168.11 がネットワーク部，100 がノード部である。また，IP アドレスが 202.26.144.101 サブネットマスクが 255.255.0.0 の場合は，202.26 がネットワーク部，144.101 がノード部となる。

　サブネットマスクのビットパターンは，その定義上，左側から 1 で始まり，途中でいったん 0 に変化すれば，後は最後まで 0 のままである。つまり，0.255.255.255，255.0.255.0 などのサブネットマスクは存在し得ない。ただし，特別な状態として 0.0.0.0 や 255.255.255.255 のサブネットマスクは存在する。

　0.0.0.0 のサブネットマスクにはネットワーク部が存在しない。これはネットワークが一つしかない状態を表す。すなわち 0.0.0.0 はすべての IP アドレス空間を一つのネットワークと見なして取り扱う場合に使用するサブネットマスクである。

　一方 255.255.255.255 のサブネットマスクにはノード部が存在しないが，これはノードが 1 個しかないネットワークを表している。ノードが 1 個しかないので，ネットワーク自体がノードを示していることになる。

　IP アドレスを定義する場合には，必ずサブネットマスクも同時に定義しなければならない。サブネットマスクが定義されなければ，ネットワーク部とノード部を分離することができず，IP アドレスの本来の役割を果たすことができなくなるからである。つまり，IP アドレスとサブネットマスクは必ず対になって使用される。なお，IP アドレスとサブネットマスクを合わせて，IP アドレス/サブネットマスクと表記する場合もある (図 4.1)。

4.2.2 ネットワークアドレスとブロードキャストアドレス

IPアドレスのノード部のビットをすべて0にしたアドレスは，**ネットワークアドレス**と呼ばれ，そのネットワークそのものを指すアドレスとなる。数学的にはIPアドレスとサブネットマスクの論理積（AND）を計算するとネットワークアドレスを得ることができる。

またノード部のビットをすべて1にした場合は，ネットワーク内のすべてのノードへ信号（パケット）を送るための**ブロードキャストアドレス**となる。

言い換えると，ネットワーク内で一番小さなアドレスがネットワークアドレス，一番大きなアドレスがブロードキャストアドレスとなる。

ちなみに255.255.255.255のIPアドレスは，汎用のブロードキャストアドレスとなる。

例えば，あるノードのIPアドレスが202.26.158.100でサブネットマスクが255.255.255.0の場合，202.26.158がネットワーク部（24bit）で，100がノード部（8bit）であるので，100の部分のビット（8bit）をすべて0とした202.26.158.0がこのネットワーク自体を表すネットワークアドレスとなる。また，100の部分のビット（8bit）をすべて1とした202.26.158.255が，このネットワーク上のすべてのノードに信号（パケット）を送るために使用されるブロードキャストアドレスとなる（図4.2）。

```
IPアドレス：            202.26.158.100    11001010 00011010 10011110 01100100
サブネットマスク：       255.255.255.0     11111111 11111111 11111111 00000000
ネットワークアドレス：    202.26.158.0      11001010 00011010 10011110 00000000
ブロードキャストアドレス：202.26.158.255    11001010 00011010 10011110 11111111
```

図4.2 ネットワークアドレスとブロードキャストアドレス

ネットワークアドレスとブロードキャストアドレスはネットワークごとにあらかじめ予約されているアドレスである。サブネットマスクが255.255.255.0の場合，ノード部は8bitなので，このワークでは2^8＝256個のアドレスが使用可能である。しかしながら256個のアドレスのうち，ネットワークアドレスとブロードキャストアドレスはすでに予約されているので，実際にこのネッ

トワークで使用できるアドレスは 2^8-2=254 個である。つまりこのネットワークには最大 254 個のノードを接続できるということである。

4.2.3 IPアドレスの分類

IPアドレスには**クラス**という考え方がある。これはおもにIPアドレスの範囲によって自動的にネットワーク部とホスト部を分離させようという考え方であった。例えばクラスAからクラスCは以下のように分類される。

- クラスA：1.0.0.0 ～ 127.255.255.255　先頭の8bitがネットワーク部
- クラスB：128.0.0.0 ～ 191.255.255.255　先頭の16bitがネットワーク部
- クラスC：192.0.0.0 ～ 223.255.255.255　先頭の24bitがネットワーク部

これらの分類ではIPアドレスを効率よく使用できないため，現在ではこの「クラスによるネットワーク部の指定」という考え方は廃止されており（クラスレス），IPアドレスを記述する場合には必ずサブネットマスクも同時に記述するようになっている。

しかしクラスにはマルチキャストの範囲を指定するクラスDなども存在するため，IPアドレスの範囲を指定する用語として現在でも頻繁に使用される。

なお，クラスD, Eは以下のように分類される。

- クラスD：224.0.0.0 ～ 239.255.255.255　マルチキャスト用
- クラスE：240.0.0.0 ～ 255.255.255.254　実験用

その他，特別な用途に予約されているIPアドレスとしては，前述の汎用ブロードキャストアドレスの 255.255.255.255/255.255.255.255 や自分自身を指す 127.0.0.1/255.0.0.0（ローカルループバックアドレス）などがある。

通信ノードが自分自身のプロセスと通信を行う場合，自身の通常のIPアドレスを使用すると，通信パケットはいったんネットワークまで降りてそこから再び戻って来なければならない。これでは通信の効率が非常に悪い。

そこで，自分自身にアクセスする場合，メモリ空間の一部をネットワークと見なして，そこを経由して自分自身に戻ってくる（ループバックする）方法を採れば，通信速度は遥かに速くなる（**図4.3**）。このときに使用される特別な

IPアドレスが127.0.0.1/255.0.0.0であり，この機能を**ローカルループバック**と呼ぶ。

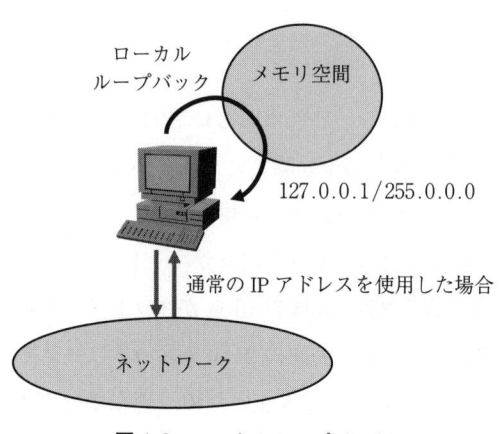

図4.3 ローカルループバック

また，クラス分類からもわかるように0.0.0.0～0.255.255.255は実際のノードに付与するIPアドレスとしては使用されない。しかし，0.0.0.0/0.0.0.0（IPアドレス0.0.0.0，サブネットマスク0.0.0.0）はTCP/IPネットワーク全体を表すアドレスとして使用される場合がある。

閉じたネットワーク内限定で自由に使用可能なアドレスも存在する。

10.0.0.0 ～ 10.255.255.255 （クラスA）
172.16.0.0 ～ 172.31.255.255 （クラスB）
192.168.0.0～ 192.168.255.255 （クラスC）

これらは**プライベートアドレス**と呼ばれ，個人が自由に使用することが可能であるが，プライベートアドレスを持つパケットをインターネット上に流すことは固く禁止されている（組織内においては，プライベートアドレスについても厳密に管理している場合が多いので注意が必要である）。プライベートアドレスに対して，自由にインターネット上に流してよいアドレスを**グローバルアドレス**と呼ぶ。このグローバルアドレスは，必ず世界的に一意でなければならない。前述したようにグローバルアドレスはIANA（ICANN）が管理している。

プライベートアドレスに似たアドレスとして169.254.0.0～169.254.255.255の**リンクローカルアドレス**がある。これは小規模ネットワークにおいてIPアドレスの自動設定を行う場合にノード自身が生成するアドレスである。しかしながら，通常はDHCPサーバ（IPアドレスなどの情報を配

布するサーバ）からのIPアドレスの取得に失敗して自ら自動生成する場合が多い．もし，あるノード（パソコンなど）が169.254.*.*/255.255.0.0のアドレスを持っているとすれば，そのノードはネットワーク接続に失敗している可能性が高い（ただし，PPP₀Eの場合はこのアドレスになる可能性がある）．

4.2.4 サブネットマスクの再定義

例えば，あるノードのIPアドレスが202.26.144.100/255.255.0.0の場合（ネットワークアドレスは202.26.0.0），ノード部が16bitであるため，このネットワーク内には$2^{16}-2=65\,534$個ものノードを設置することが可能であるということになる．

これは一つのネットワーク内のノード数としては多過ぎる．このような場合，ノード部の16bitをさらにサブネットワークに分割することも可能である．サブネットマスクを255.255.255.0で再定義すると，202.26.0.0というネットワーク内に202.26.0.0〜202.26.255.0という256個のサブネットワークを形成でき，202.26.144.100は202.26.144.0というサブネットワークに再分類される．

このように，サブネットマスクの再定義を行うことにより，ネットワークを分割することができ，IPアドレスを有効に利用することが可能となる．

4.2.5 ARP

ネットワーク内で最終的にデータを転送するためには，データリンク層の物理アドレス（MACアドレス）が必要となる．TCP/IPでは**ARP**（アープ，Address Resolution Protocol）と呼ばれるプロトコルを用いてIPアドレスをMACアドレスに変換している（図4.4）．

図4.4　ARPとRARP

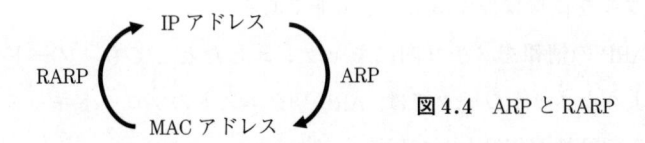

ARPは非常に単純なプロトコルで，ブロードキャスト機能を用いてネットワーク内のすべてのノードに対して，該当するIPアドレスを持っているかどうかの問い合わせ（ARPリクエスト）を行う。このブロードキャストに対して，該当するIPアドレスを持つノードのみが返答（ARPレスポンス）を返す。この返答パケット（ARPレスポンス）により，問い合わせノードは該当ノードのMACアドレスを知ることが可能となる。

ARPの動作をもう少し詳しく説明すると以下のようになる。

① 問い合わせ元ノードが，IPアドレス問い合わせのARPリクエストをブロードキャストとして送信する。ARPリクエストには問い合わせ先のIPアドレス，および自分のIPアドレスとMACアドレスが含まれている。

② 問い合わせ先に該当しないノードは，問い合わせ元ノードからのブロードキャストを無視する。

③ 該当ノードは問い合わせ先のIPアドレスが自分のIPアドレスと一致することを確認して，返答のIPパケット（ARPレスポンス）を問い合わせ元ノードに返す。ARPレスポンスのIPパケットには，問い合わせ元ノードのIPアドレスとMACアドレス，さらに自分のIPアドレスとMACアドレスが含まれる。

ARPは構造が単純すぎるため，いくつかの欠点を持つ。まずIPパケットを送信する場合に，その都度ARPを使用してMACアドレスを解決していたのでは，ネットワーク内にARPリクエストのブロードキャストが大量に流れ，**ブロードキャストストーム**（大量のブロードキャストによる輻輳）を引き起こす危険性がある。そのため，通常各ノードはIPアドレスとMACアドレスの対応表（ARPテーブル）を作り，それをメモリ内にキャッシュとして保持する。Linux（Unix）やMS Windowsではarpコマンドを使用することにより，ARPテーブルを直接操作することも可能である。

一方，ARPの情報をメモリ内にキャッシュしたとしても，ノードが大量に存在するようなネットワークでは，ARPリクエストのブロードキャストストームが起きる危険性が依然として残る。

次の欠点は，ARPではARPレスポンスに対する認証を一切行わないという点である。つまり，どのノードからのARPレスポンスでも無条件でその内容を信用してしまうのである。さらに拙いことに，ARPレスポンスがブロードキャストに対する返答であるため，どのタイミングでARPレスポンスが帰って来るかを予測できないのである。結局どのようなタイミングで帰って来たARPレスポンスであっても，正当な応答であるとして受け入れ，ARPテーブルを更新してしまう。

このことは，あるノードに対して簡単に偽のARP情報（MACアドレス情報）を流し込める（**ARPスプーフィング**）ということを意味する。偽のMACアドレスを流し込むことにより，他のノードへの成りすましなども簡単に行うことが可能である。

なお，MACアドレス自身も偽装可能であり，TCP/IPネットワークでは同一ネットワーク内においては「セキュリティ」という言葉はないに等しい（つまり行おうと思えばどんな不正なことも可能である）ことを覚えておく必要がある。

ARPとは逆に，MACアドレスからIPアドレスを得るための**RARP**（Reverse ARP）と呼ばれるプロトコルも存在する（図4.4）。ただし，RARPはハードディスクなどの外部記憶装置を持たないマシン（ディスクレスマシン）が，自分のIPアドレスを知るために，IPアドレスの管理サーバに対してブロードキャストによる問い合わせを行うためのプロトコルであり，通常ではあまり使用されることはない。

4.3 IPパケットの構造【中級】

TCP/IPでのIP（IPv4）パケットの構造を図4.5に示す。

( )内は該当データのビット長

バージョン（4）	ヘッダ長（4）	TOS（8）	パケットの全長（16）	
識別子（16）			フラグ（3）	フラグメントオフセット（13）
TTL（8）		プロトコル番号（8）	ヘッダチェックサム（16）	
送信元 IP アドレス（32）				
送信先 IP アドレス（32）				
ヘッダオプション（可変長）				
データ（セグメント：可変長）				

- バージョン：常に 4 が設定される。
- ヘッダ長：IP ヘッダの長さを 4Byte 単位で表す。通常は 5（20Byte）となる。
- TOS：Type Of Service：サービスの品質を示す。
- 全長：パケット全体の長さ（バイト単位）。
- 識別子：データ（セグメント）を分割（フラグメント化）した場合に，分解したデータに同じ値が入る。
- フラグ：データの分割状態などを表す。
- フラグメントオフセット：データを分割（フラグメント化）した場合のオフセット値。
- TTL：Time To Live（生存時間）：通過できるルータの最大値。ルータを通る度に −1 され，0 になるとパケットは破棄される。
- プロトコル番号：上位層のプロトコルを識別する ID。ICMP：1，TCP：6，UDP：17 など。
- ヘッダチェックサム：IP ヘッダのチェックサム（特殊な計算方法によるチェックサム。CRC ではない）。
- 送信元 IP アドレス：送信元の IP アドレス。
- 送信先 IP アドレス：宛先の IP アドレス。
- ヘッダオプション：オプションデータ。
- データ：上位層（トランスポート層）のデータ（セグメント）。

図 4.5　IPv4 のパケット構造

4.4　CIDR を使用した場合の IP アドレスの計算【中級】

4.4.1　CIDR とプレフィックス長表記

これまでのサブネットマスクの説明では，IP アドレスのネットワーク部とノード部の区切りはすべて 8bit 単位であった。しかし，8bit 単位ではいくらサブネットマスクの再定義（4.2.4 項「サブネットマスクの再定義」参照）を行っても IP アドレスを十分に有効利用することは難しい。

サブネットマスクが 8bit 区切りである環境では，最小構成のネットワークのサブネットマスクは 255.255.255.0 である（ただし 255.255.255.255 のサブネットマスクは除く）。最小構成とはいえ，このネットワークには最大 254

個のノードを接続することができる．例えばこれは，数十台以下のパソコンによる小規模ネットワークでは明らかに多過ぎる．

そこで，サブネットマスクの区切りを8bit単位ではなく，自由に定義できるようにしたのが **CIDR**（サイダー，Classless Inter-Domain Routing）である．

CIDRではサブネットマスクをネットワーク部のビット長で表記（**プレフィックス長表記**）することも可能で，例えば202.26.158.1/255.255.255.0は202.26.158.1/24と記述できる（255.255.255.0のネットワーク部のビット長は24であるから）．また，172.1.1.3/255.255.0.0は172.1.1.3/16と表せる．

なお，プライベートアドレスはプレフィックス長表記では，それぞれ

  10.0.0.0/8，172.16.0.0/12，192.168.0.0/16

と表せる．

サブネットマスクが8bit区切りである場合は，ネットワークアドレスやブロードキャストの計算は非常に簡単であった（ほとんど暗算でできるであろう）．ただし，CIDRの場合の計算はかなり難しくなるので注意が必要である．

4.4.2 CIDR 例題

（1）**例題1** 問題：202.26.155.200/28のネットワークアドレス，ブロードキャストアドレス，サブネットマスクはいくつか？　またこのネットワークに接続できるノードの数は最大でいくつか？

【サブネットマスク】

プレフィックス長が28であるから，ネットワーク部は28bitである．IPアドレスの全長は32bitなので，32−28=4で，ノード部は4bitである（プレフィックス長とはネットワーク部のビット長のこと）．したがってサブネットマスクは，11111111 11111111 11111111 1111 0000 となる．10進表記に直せば255.255.255.240である．

なお，このような問題ではすべてを2進数に変換するのは時間の無駄なので，慣れてくれば8bit区切りでない部分のみを2進数に変換し，

255.255.255.1111000 として計算してもよい。

【ネットワークアドレス】

　　IP アドレス 202.26.155.200 を 2 進数に変換して，ノード部に相当する下位 4bit を 0 で置き換える。実際には 2 進数に変換するのは 200 の部分だけで十分である。また IP アドレス 202.26.155.200 とサブネットマスクの 255.255.255.240 の論理積をとってもよい。ただしこれも実際には 200 と 240 の論理積で十分である。

　　ここではわかりやすくするために，すべてを 2 進法に変換して説明を行う。

　　IP アドレスを 2 進法に変換すると

　　　　202.26.155.200 → 11001010 00011010 10011011 1100 1000

先頭の 28bit，つまり 11001010 00011010 10011011 1100 がネットワーク部で最後の 4bit の 1000 がノード部である。ノード部をすべて 0 にすれば，それがネットワークアドレスとなる。

　　　　11001010 00011010 10011011 1100 0000

これを 10 進表記に直せば，ネットワークアドレスは 202.26.155.192 である。

【ブロードキャストアドレス】

　　202.26.155.200 のノード部をすべて 1 にする。IP アドレス 200.26.155.200 は

　　　　11001010 00011010 10011011 1100 1000

でノード部は最後の 4bit（1000）であるから，これをすべて 1 にすれば

　　　　11001010 00011010 10011011 1100 1111

となる。10 進表記に直せば，202.26.155.207 がブロードキャストアドレスである。

【最大接続ノード数】

　　ノード部が 4bit なので，$2^4=16$ 個のアドレスが使用可能であるが，ネットワークアドレスとブロードキャストアドレスの 2 個はノードの IP アドレスとして使用できないので，最大接続台数は 16−2＝14 台となる。

4.4 CIDRを使用した場合のIPアドレスの計算【中級】

【解答】
 サブネットマスク：   255.255.255.240
 ネットワークアドレス： 202.26.155.192
 ブロードキャストアドレス：202.26.155.207
 最大接続ノード数：   14台

（2）**例題2** **問題**：あるネットワークを再分割してその一部として，ノード数が最大15台のサブネットワークを作りたい。対象となるネットワークのIPアドレスは202.26.159.0/24で，すでに202.26.159.1〜202.26.159.180までのIPアドレスは使用されている。またサブネットワークの各ノードにはなるべく小さなIPアドレスを付与することにしたい。作成するサブネットのネットワークアドレス，ブロードキャストアドレス，プレフィックス長，サブネットマスクはいくつにすればよいか？　なお，サブネットワーク内のノード数は将来にわたりこれ以上増えないものとする。

【プレフィックス長】
 接続最大台数が15なので，ネットワークアドレスとブロードキャストアドレスを足して，17個のIPアドレスが必要である。17個のIPアドレスを確保するには，$2^4=16$，$2^5=32$なので5bit必要である。つまりノード部は5bitとなる。したがって$32-5=27$でプレフィックス長は27となる。

【サブネットマスク】
 プレフィックス長が27なので，サブネットマスクは
  255.255.255.111 00000
 つまり，255.255.255.224となる。

【ネットワークアドレス】
 接続するネットワークではすでに202.26.159.180までのIPアドレスが使用済みである。適当な空きスペースを探すために，202.26.159.180/24を2進数に直して，プレフィックス長27で再定義する。
  202.26.159.180 → 202.26.159.101 10100

ノード部は下位5bitとなる。つまり，202.26.159.180/27が属するネットワークのネットワークアドレスは202.26.159.101 00000で，これ以降に，プレフィックス長27のサブネットワークは

  202.26.159.110 00000 202.26.159.111 00000

の二つを作成可能である。問題文に，「ノードにはなるべく小さなIPアドレスを付与することにしたい」とあるので，202.26.159.110 00000すなわち202.26.159.192/27にサブネットワークを形成することにする。つまり形成するサブネットワークのネットワークアドレスは202.26.159.192である。

【ブロードキャストアドレス】

ネットワークアドレス202.26.159.192のノード部（下位5bit）をすべて1にすると，202.26.159.110 11111となる。10進数に直すと202.26.159.223となり，これがブロードキャストアドレスである。

【解答】

 プレフィックス長：   27
 サブネットマスク：   255.255.255.224
 ネットワークアドレス： 202.26.159.192
 ブロードキャストアドレス：202.26.159.223

なおこの場合，他のネットワークは，202.26.159.0/25，202.26.159.128/26，202.26.159.224/27などに分割される。

4.5 マルチキャスト通信【中級】

動画などをライブで配信しようとした場合，通信をユニキャストで行うとネットワークおよび配信サーバに多大な負荷をかけてしまう。ユニキャスト通信ではすべてのクライアントがサーバと1対1の通信を行うからである（**図4.6**）。ユニキャスト通信の代わりにブロードキャスト通信を利用しようとしても，ブロードキャスト通信は基本的に同じネットワーク内にしか到達できず，しかも受信を希望しないノードまでもが通信パケットを受信してしまうことになるため，問題外である。

4.5 マルチキャスト通信【中級】

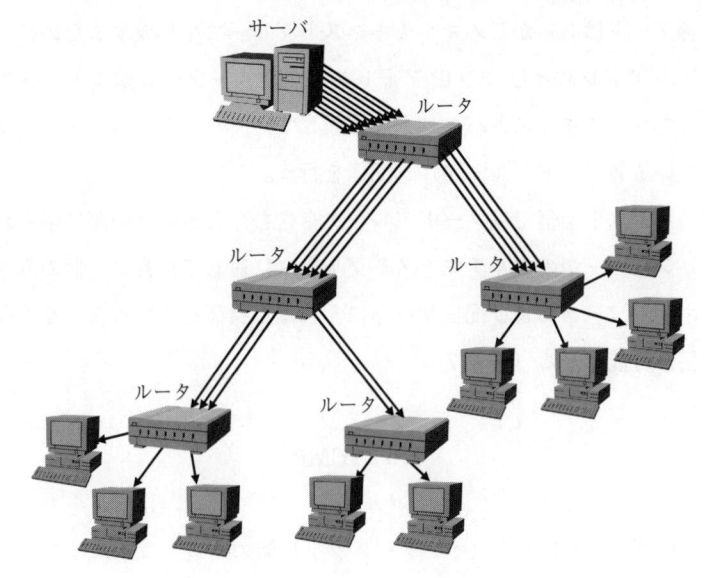

図4.6 ユニキャスト通信

これに対して，**マルチキャスト通信**では，ルータが自動的にマルチキャストパケットを複製することにより，通信量を抑制することが可能である。ルータ

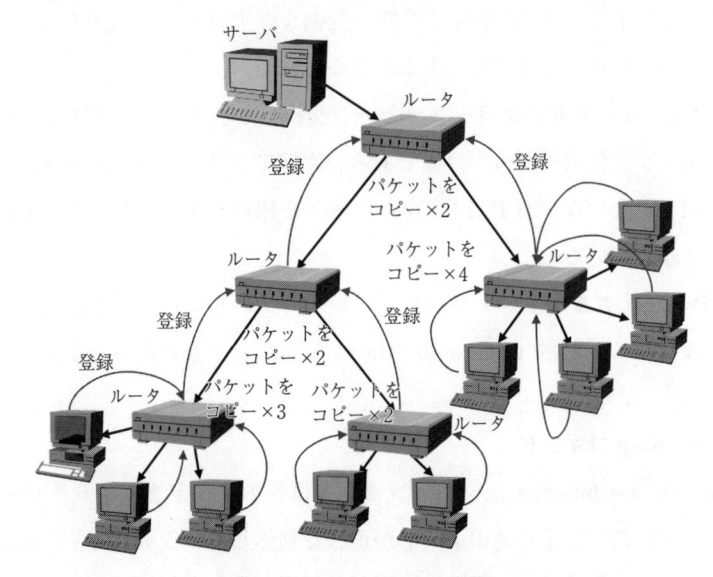

図4.7 マルチキャスト通信

を含む各ノードはあらかじめマルチキャストグループを形成するために，マルチキャストアドレスと自分のIPアドレスを上位ルータへ登録する．各ルータは受信したマルチキャストパケットを複製して，マルチキャストグループに登録されている各ノード（ルータ）へ配信を行う．

マルチキャスト通信ではノード（ルータを含む）とルータの間に張られるコネクションは（一つのマルチキャストグループに対して）常に1個のみであるので，ネットワークおよび配信サーバにそれほど負荷をかけることなく動画などの配信が可能となる（図4.7）．

4.6 ICMP

TCP/IPのネットワーク（インターネット）層のプロトコルにはIP，ARP，**ICMP**（Internet Control Message Protocol）などがある．IPとARPについてはすでに説明済みであるので，ここではICMPについて説明を行う．

ICMPはプロトコルの構造上からは，TCPやUDPと同じIPの上位プロトコルであるが，IPにおいて非常に重要な役割を果たすため，通常はIPと同じネットワーク層のプロトコルであると見なされる．

ICMPは，ルータ間のエラーメッセージ交換，ネットワークの状態や制御用のメッセージ交換用のプロトコルである．直接アプリケーションデータの転送には利用されないが，TCP/IPネットワークを稼動させる上で欠かせないプロトコルとなっている．

ICMPはさまざまなネットワークツール（コマンド）でも利用されており，代表的なものにpingやtraceroute（tracert）コマンドなどがある．

4.6.1 ping コマンド

ping（Packet InterNet Groper）コマンドは他のノードまでネットワークがつながっているか，またそのノードが正しく動作しているかを検査できる．つまり，pingコマンドはネットワーク層以下の障害の検査に使用される．ping

コマンドは Linux/Unix または MS Windows のどちらでも使用可能である。

　ping は潜水艦のアクティブソナーによる相手艦の探知に似ている。海中では電波が十分に伝わらないので，潜水艦では音波を利用して相手の存在を探知する。こちらが動かずに相手の出している音を探索する場合にはパッシブソナーと呼ばれる聴音機を使用する（ネットワークにおいても，ネットワーク上を流れるパケットを一方的に受信してデータを収集・解析する手法をパッシブスキャンと呼ぶ）。

　逆にこちらからピンガーと呼ばれる探信音を発射して，相手潜水艦から跳ね返って来た音を捉えるのがアクティブソナーである（同様にネットワークでも，こちらからパケットを発信して相手の反応を見る手法をアクティブスキャンと呼ぶ）。

　ping もアクティブスキャン型のコマンドで，チェックしたいノードに対して ICMP パケット（Echo Request）を送信する。相手のノードに ICMP パケット（Echo Request）が到達し，かつそのノードが正常に動作しているならば，そのノードは ICMP パケット（Echo Reply）を送り返す（ただし，該当ノードが ICMP パケットへの返答が許可されない設定になっている場合もある）（図4.8）。

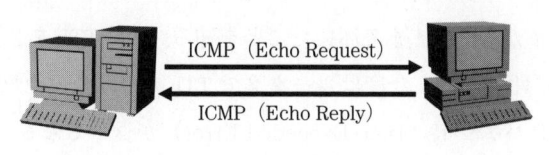

図 4.8 ping コマンド

　ping コマンドは跳ね返って来た ICMP パケット（Echo Reply）を受信することにより，該当ノードへのネットワーク到達性，およびノードが正しく作動しているかどうか（つまりネットワーク層以下に障害が発生していないかどうか）を知ることができる。ping コマンドを実行することを，潜水艦でのピンガー（探信音）の発射を真似て「ピンを打つ」などとも表現する。

4.6.2 traceroute(tracert)コマンド

tracerouteコマンド(MS Windowsでは**tracert**)を使用すると,相手のノードまでの通信経路(パケットが通過するルータのリスト)を得ることができる。

tracerouteコマンドはまず,IPパケットの**TTL**(Time To Live,生存時間)を1にして,指定された送信先のノードに向けてUDPパケット(UDPセグメントを内蔵するIPパケット)またはICMPパケットを送信する(**図4.9**①)。最初のルータ(ルータ1)がパケットを受信したときにTTLは1引かれ,0となる(図の②)。TTLが0になった場合,そのパケットは破棄され,破棄したことを通知するためのICMPパケット(Time Exceeded Error)が送信元ノードに返る(図の③)。

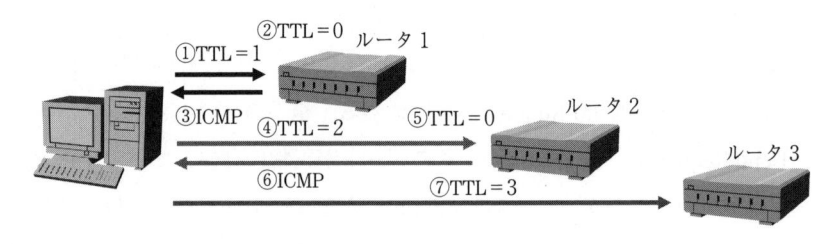

図4.9 tracerouteコマンド

送信元ノードのtracerouteコマンドは返って来たICMPパケットにより,送信したパケットがルータ1まで届いたことを知る。次にTTLを2にしてパケットを送信する(図の④)。今度はルータ2でTTLが0になり(図の⑤),ルータ2からICMPパケット(Time Exceeded Error)が返って来る(図の⑥)。これにより送信元ノードのtracerouteコマンドは,送信パケットがルータ1→ルータ2へと届いたことを知る。

このようにTTLを順に増やし,指定された送信先にパケットが到達するまで繰り返せば,送信元ノードと送信先ノードの間にあるルータの存在(IPアドレス)を知ることができる。

ただし,ルータは通常は二つ以上のネットワークインタフェースを持つ。**図4.10**を例に採れば,ルータから返って来るICMPパケットは,送信元からの

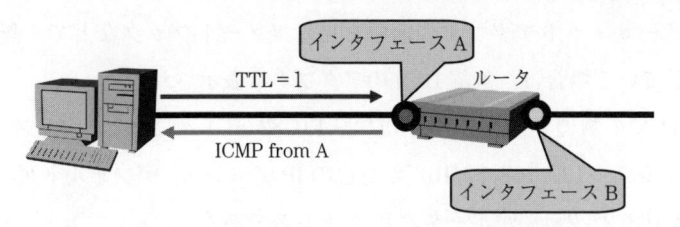

図 4.10 traceroute コマンドで得られる情報

パケットが入力したインタフェース（図のインタフェース A）から発信されたもののみである。したがって traceroute コマンドはこのインタフェースの情報しか得ることができず，他のインタフェース（図のインタフェース B）の情報は得ることができない。

より正確な経路情報を得るためには，検査する経路の両端のノードから，たがいに向けて，traceroute コマンドを実行する必要がある。

4.7 ネットワークコマンドの操作【中級】

ここでは実際に，コンピュータ（Linux/Unix，MS Windows）上でネットワークコマンドの実行を行う。MS Windows の場合は，「スタート」→「すべてのプログラム」→「アクセサリ」→「コマンドプロンプト」を選択してコマンドプロンプトを表示させる。Linux/Unix ではコンソール画面を表示させる。

なお，コマンドを実行する環境（バージョン）により表示例と若干違う表示が行われるかもしれないが，コマンドの動作原理を理解することが重要であるので，細かい点を気にする必要はない。

4.7.1　MAC アドレスと IP アドレスの表示

【MS Windows】

MS Windows でそのマシンの MAC アドレスと IP アドレスを表示するには，コマンドプロンプトから ipconfig /all と入力する。Vista 以降のバージョンでは，仮想アダプタ（トンネルアダプタ）がいくつか表示されるが，一番最初の

ほうのイーサネットアダプタの箇所を見る(ノートブックなどで,無線LANを使用している場合は,無線LANのアダプタも表示される)。

図4.11での物理アドレス(00-0C-29-F0-82-5C)がMACアドレスであり,IPv4アドレス(192.168.27.16)が自己のIPアドレス,デフォルトゲートウェイ(192.168.27.254)がルータのIPアドレスである。

```
C:¥Users¥guest> ipconfig /all
............
イーサネット アダプタ ローカル エリア接続:
接続固有の DNS サフィックス . . . :
説明. . . . . . . . . . . . . . . . . . . . . . . : VMware Accelerated AMD PCNet Adapter
物理アドレス. . . . . . . . . . . . . . . . . : 00-0C-29-F0-82-5C
DHCP 有効. . . . . . . . . . . . . . . . . . : いいえ
自動構成有効. . . . . . . . . . . . . . . . : はい
IPv4 アドレス. . . . . . . . . . . . . . . . : 192.168.27.16 (優先)
サブネット マスク . . . . . . . . . . . . . : 255.255.255.0
デフォルト ゲートウェイ . . . . . . . : 192.168.27.254
DNS サーバー. . . . . . . . . . . . . . . . : 192.168.27.1
NetBIOS over TCP/IP . . . . . . . . . : 有効
............
```

図4.11 MS Windows Vistaでのipconfig /allコマンドの実行結果

【Linux/Unix】

Linux/Unixではコンソールからifconfig -aコマンドを実行する。

図4.12でのeth0はイーサネットのネットワークインタフェースを表し,loはローカルループバックのインタフェースを表す。eth0のハードウェアアドレス(00:19:21:0D:77:4A)がMACアドレスを表し,マスクはサブネットマスクを表す。

4.7.2 ping コマンド

【MS Windows】

コマンドプロンプトからpingコマンドを入力する。コマンドの引数にはノード名またはIPアドレスを指定する。MS Windowsでは,ICMPのリクエストを

4.7 ネットワークコマンドの操作【中級】

```
$ ifconfig -a
eth0      リンク方法：イーサネット  ハードウェアアドレス 00：19：21：0D：77：4A
          inetアドレス：192.168.27.7 ブロードキャスト：192.168.27.255 マスク：
          255.255.255.0
          inet6アドレス：fe80：：219：21ff：fe0d：774a/64 範囲：リンク
          UP BROADCAST RUNNING MULTICAST  MTU：1500  Metric：1
          RXパケット：3535729 エラー：0 損失：0 オーバラン：0 フレーム：0
          TXパケット：6191375 エラー：0 損失：0 オーバラン：0 キャリア：0
          衝突（Collisions）：0 TXキュー長：1000
          RX bytes：271646680（259.0 Mb） TX bytes：4197971202（4003.4 Mb）
          割り込み：17 ベースアドレス：0x6800
lo        リンク方法：ローカルループバック
          inetアドレス：127.0.0.1 マスク：255.0.0.0
          inet6アドレス：：：1/128 範囲：ホスト
          UP LOOPBACK RUNNING  MTU：16536  Metric：1
          RXパケット：25190 エラー：0 損失：0 オーバラン：0 フレーム：0
          TXパケット：25190 エラー：0 損失：0 オーバラン：0 キャリア：0
          衝突（Collisions）：0 TXキュー長：0
          RX bytes：2404155（2.2 Mb） TX bytes：2404155（2.2 Mb）
```

図 4.12　Linux での ifconfig -a コマンドの実行結果

```
C：¥Users¥guest> ping 192.168.27.7
192.168.27.7 に ping を送信しています 32 バイトのデータ：
192.168.27.7 からの応答：バイト数 =32 時間 =1ms TTL=64
192.168.27.7 からの応答：バイト数 =32 時間 <1ms TTL=64
192.168.27.7 からの応答：バイト数 =32 時間 <1ms TTL=64
192.168.27.7 からの応答：バイト数 =32 時間 <1ms TTL=64
192.168.27.7 の ping 統計：
    パケット数：送信 = 4，受信 = 4，損失 = 0（0% の損失），
ラウンド トリップの概算時間（ミリ秒）：
    最小 = 0ms，最大 = 1ms，平均 = 0ms
```

図 4.13　MS Windows Vista での ping コマンドの実行結果

4 回送信した後，自動的に停止する（図 4.13）。

【Linux/Unix】

　ping コマンドは，Linux/Unix でも MS Windows と同様の形式を採る。ただし，Linux/Unix の場合は，通常は ping コマンドを Ctrl + C で強制終了させるまで，無限に実行し続ける（図 4.14）。また最近の Linux では，ブロードキャ

```
$ ping 192.168.27.7
PING 192.168.27.7 (192.168.27.7) 56 (84) bytes of data.
64 bytes from 192.168.27.7: icmp_seq=1 ttl=64 time=0.021 ms
64 bytes from 192.168.27.7: icmp_seq=2 ttl=64 time=0.009 ms
64 bytes from 192.168.27.7: icmp_seq=3 ttl=64 time=0.010 ms
64 bytes from 192.168.27.7: icmp_seq=4 ttl=64 time=0.010 ms
64 bytes from 192.168.27.7: icmp_seq=5 ttl=64 time=0.011 ms
............
```

図4.14 Linuxでのpingコマンドの実行結果

ストに対してpingを実行するには-bオプションが必要となる場合もある（例：ping -b 192.168.27.255）。

4.7.3 traceroute（tracert）コマンド

【MS Windows】

MS Windowsで経路のトレースを行うにはtracertコマンドを使用する。

図4.15では12番目以降が＊＊＊で「タイムアウト」となっているが，これはtuis.gw.sinet.ad.jpの先にファイアウォールが存在し，そこでtracertのパ

```
C:¥Users¥guest> tracert www.tuis.ac.jp
webhost.tuis.ac.jp [202.26.157.15] へのルートをトレースしています
経由するホップ数は最大 30 です:
  1    1 ms   <1 ms   <1 ms  star-gate.star-dust.jp [192.168.27.254]
  2    6 ms    5 ms    5 ms  58x158x200x254.ap58.ftth.ucom.ne.jp [58.158.200.254]
  3    9 ms    9 ms    9 ms  58x159x254x104.ap58.ftth.ucom.ne.jp [58.159.254.104]
  4    9 ms   10 ms    9 ms  58x159x254x161.ap58.ftth.ucom.ne.jp [58.159.254.161]
  5   10 ms    9 ms   10 ms  58x159x255x89.ap58.ftth.ucom.ne.jp [58.159.255.89]
  6   34 ms   10 ms   10 ms  61.122.118.250
  7   16 ms    9 ms   12 ms  usen-61x122x114x209.gate01.com [61.122.114.209]
  8   10 ms   12 ms   10 ms  usen-61x122x114x117.gate01.com [61.122.114.117]
  9   11 ms   16 ms   11 ms  210.173.176.94
 10   10 ms   11 ms   11 ms  tokyo2-dc-RM-XGE-7-1-0-0.sinet.ad.jp [150.99.190.253]
 11   17 ms   15 ms   18 ms  tuis.gw.sinet.ad.jp [150.99.189.146]
 12    *       *       *     要求がタイムアウトしました．
 13    *       *       *     要求がタイムアウトしました．
............
```

図4.15 MS Windows Vistaでのtracertコマンドの実行結果

ケットが遮断され，ICMP パケットの応答が戻って来ないためである。

【Linux／Unix】

Linux／Unix では traceroute コマンドを使用する。MS Windows とはコマンドが違うので注意が必要である。

図 4.16 でも，ファイアウォールのために ICMP パケットが返って来ず，12 番目以降が＊＊＊となっている。

```
$ traceroute  www.tuis.ac.jp
traceroute to www.tuis.ac.jp (202.26.157.15), 30 hops max, 40 byte packets
 1  star-gate.star-dust.jp (192.168.27.254)  0.650 ms  0.613 ms  0.919 ms
 2  58x158x200x254.ap58.ftth.ucom.ne.jp (58.158.200.254)  6.632 ms  6.494 ms  6.054 ms
 3  58x159x254x104.ap58.ftth.ucom.ne.jp (58.159.254.104)  9.938 ms  9.925 ms  9.026 ms
 4  58x159x254x161.ap58.ftth.ucom.ne.jp (58.159.254.161)  9.631 ms  9.744 ms  11.305 ms
 5  58x159x255x89.ap58.ftth.ucom.ne.jp (58.159.255.89)  11.488 ms  11.343 ms  10.913 ms
 6  61.122.118.250 (61.122.118.250)  12.400 ms  12.958 ms  13.507 ms
 7  usen-61x122x114x209.gate01.com (61.122.114.209)  12.293 ms  12.305 ms  12.464 ms
 8  usen-61x122x114x117.gate01.com (61.122.114.117)  11.718 ms  12.756 ms  12.542 ms
 9  210.173.176.94 (210.173.176.94)  13.614 ms  13.594 ms  12.910 ms
10  tokyo2-dc-RM-XGE-7-1-0-0.sinet.ad.jp (150.99.190.253)  12.037 ms  11.517 ms  11.356 ms
11  tuis.gw.sinet.ad.jp (150.99.189.146)  17.862 ms  17.532 ms  17.627 ms
12  * * *
13  * * *
............
```

図 4.16　Linux での traceroute コマンドの実行結果

4.7.4　ARP テーブルの表示

マシンの ARP テーブルを表示させるには arp -a コマンドを実行する。もし目的とするマシンの MAC アドレスが表示されない場合は，そのマシンに対して ping コマンドを実行した後に arp -a コマンドを実行すればよい。

【MS Windows】

MS Windows ではブロードキャストやマルチキャスト用の MAC アドレスも表示される（図 4.17）。

```
C:\Users\guest> arp -a
インターフェイス：192.168.27.16 --- 0x8
  インターネットアドレス      物理アドレス           種類
  192.168.27.1         00-16-76-c1-f0-8f     動的
  192.168.27.2         00-0A-79-32-30-5D     動的
  192.168.27.7         00-19-21-0d-77-4a     動的
  192.168.27.8         00-0e-7b-45-68-54     動的
  192.168.27.254       00-16-01-8b-0e-b6     動的
  192.168.27.255       ff-ff-ff-ff-ff        静的
  224.0.0.22           01-00-5e-00-00-16     静的
  224.0.0.252          01-00-5e-00-00-fc     静的
  239.255.255.250      01-00-5e-7f-ff-fa     静的
```

図 4.17　MS Windows Vista での arp -a コマンドの実行結果

【Linux／Unix】

　Linux での arp コマンドの例を図 4.18 に示す。

```
$ arp -a
earth.star-dust.jp (192.168.27.1) at 00:16:76:C1:F0:8F [ether] on eth0
saiserver.star-dust.jp (192.168.27.2) at 00:0A:79:32:30:5D [ether] on eth0
star-gate.star-dust.jp (192.168.27.254) at 00:16:01:8B:0E:B6 [ether] on eth0
? (192.168.27.16) at 00:0C:29:F0:82:5C [ether] on eth0
rd-xs40.star-dust.jp (192.168.27.8) at 00:0E:7B:45:68:54 [ether] on eth0
```

図 4.18　Linux での arp -a コマンドの実行結果

4.8　ルーティング

　OSI 参照モデルのネットワーク層の重要な機能の一つに「通信経路の決定」がある。ネットワーク層の中継器である**ルータ**によって通信経路が決定され，パケットが正しい経路へ転送されることを**ルーティング**と呼ぶ。ルーティングが行われる際には，ルータのメモリ内のルーティングテーブルが参照され，その内容に従ってパケットが転送される。

　ルーティングには，管理者が手動でルータのルーティングテーブルの設定を行う，静的（スタティック）ルーティングと，ソフトウェア（ルーティングプ

トコル）が自動的にルータのルーティングテーブルの設定を行う，動的（ダイナミック）ルーティングがある。両者の長所と短所を以下に示す。

・静的（スタティック）ルーティング
  ➤ 長所：効率的な設定が可能。通信路が一つしかないような場合には，簡単に設定することが可能である。
  ➤ 短所：管理者がすべての経路を把握する必要がある。通信路上で障害が発生した場合には管理者の操作が必要となる。

・動的（ダイナミック）ルーティング
  ➤ 長所：経路が自動的に設定されるため，管理者が経路の情報を把握する必要はない。通信路上で障害が発生しても，経路が複数あれば自動的に経路を選択し直す。
  ➤ 短所：必ずしも，最も効率的な経路が選択されるとは限らない。

ネットワーク内にルータが1個しかないような状況では，スタティックルーティングで十分である。一方，ネットワークが複雑に接続され，一つのネットワーク上に複数のルータが存在するような状況では，ダイナミックルーティングを行うほうが管理の効率は上がる。

4.8.1 ルーティングプロトコルの分類

ルーティングプロトコルは，使用するルーティングの対象領域，ネットワークの規模などによりいくつかのグループに分類される。

IGP（Interior Gateway Protocol）は会社や大学，ISP などのネットワーク的に独立した組織，すなわち **AS**（Autonomous System，自律システム）内部で使用されるルーティングプロトコルの総称である。

IGP のうち比較的小規模なネットワークで使用されるルーティングプロトコルには RIP（リップ，Routing Information Protocol）や IGRP（Interior Gateway Routing Protocol, Cisco Systems 社の独自プロトコル）がある。また中規模以上のネットワークで使用されるルーティングプロトコルとしては OSPF（Open Shortest Path First）や IS-IS（Intermediate System-to-

Intermediate System), EIGRP (Enhanced Interior Gateway Routing Protocol, Cisco Systems 社の独自プロトコル) などが挙げられる.

一方, **EGP** (Exterior Gateway Protocol) は独立した組織 (AS) 間のルーティングを行うプロトコルの総称である. EGP として使用されるルーティングプロトコルには, BGP (Border Gateway Protocol) や EGP がある.

EGP は具体的なプロトコルの名称を指す場合と, プロトコルの総称を指す場合があり混同しやすい. そのため, プロトコルの総称を指す場合は EGPs (Exterior Gateway Protocols) と呼ぶ場合もある. (**図 4.19**, **表 4.1**)

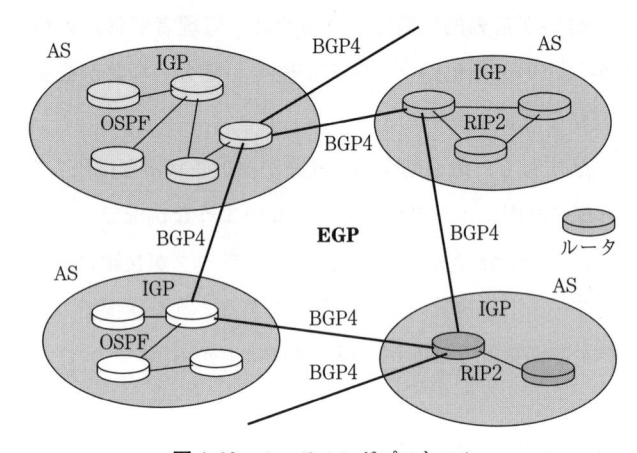

図 4.19 ルーティングプロトコル

表 4.1 ルーティングプロトコルの分類

AS 内 (IGP)	小規模ネットワーク	RIP, IGRP
	中・大規模ネットワーク	OSPF, IS-IS, EIGRP
AS 間 (EGP)	BGP, EGP	

4.8.2 代表的なルーティングプロトコル

(1) **RIP** RIP (Routing Information Protocol) は比較的小規模な AS 内ネットワークで用いられる IGP である. RIP には Version 1 (RIP1) と Version 2 (RIP2) があるが, RIP2 では CIDR などをサポートしており, 特に理由 (ネットワーク内に RIP2 の使えないルータが多数存在するなどの理由) がな

ればRIP2を選択するほうがよい。

RIPはネットワーク上の距離（**メトリック**）を基にネットワークのトポロジーを学習する**ディスタンスベクタ型**である。メトリックとしては，2点間に存在するルータの数（**ホップ数**）が使用され，ホップ数を知るために30秒に一度自分の持つすべてのルーティング情報を周りにブロードキャストする。

非常に容易に設定できる反面，ネットワークの規模が大きくなると，ブロードキャストのトラフィック（通信量）の増大や，ネットワークトポロジー（ルーティング情報）の学習の収束が遅くなるなどの欠点を持つ。

【RIPの動作】【中級】

図4.20のようなネットワークにおけるRIPの簡単な動作例を示す（実際のネットワークでは動作が若干違う場合もある）。図4.21はこのときの各ルータの**ルーティングテーブル**の変化を示している。

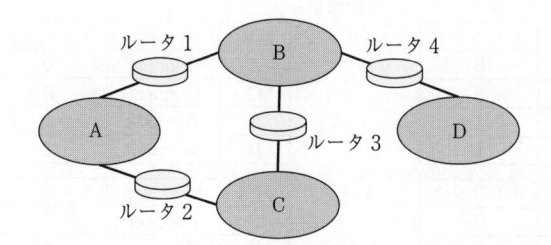

図4.20 RIPの動作例

① ルータ1〜4は，初期状態では自分が直接接続しているネットワークしか認識できない。表中のNext Hopはルータが次に転送する相手を示す項目であるが，Next HopがConnectであるということは該当ネットワークがルータのインタフェースに直結していることを示す。

② ルータ4は自分にネットワークBとDが接続していることを周りにブロードキャストする。ルータ1と3はルータ4からのブロードキャストを受信し，ルータ4が通知したメトリックに1を足して自分のルーティングテーブルに登録する。もし，すでに同じ宛先に対してメトリックが小さいかもしくは同じである情報を持っているなら，受信した情報はルーティングテーブルには登録しない。テーブルの太字の部分が更新された情報である。

4. ネットワーク層

① 初期状態（Next Hop は次にパケットを送信する相手。Connect の場合はネットワークがインタフェースに直結している状態を示す）

ルータ1

宛先	Next Hop	メトリック
A	Connect	0
B	Connect	0

ルータ2

宛先	Next Hop	メトリック
A	Connect	0
C	Connect	0

ルータ3

宛先	Next Hop	メトリック
B	Connect	0
C	Connect	0

ルータ4

宛先	Next Hop	メトリック
B	Connect	0
D	Connect	0

② ルータ4がブロードキャスト（ルータ1と3が受信。太字は更新したルーティング情報）

ルータ1

宛先	Next Hop	メトリック
A	Connect	0
B	Connect	0
D	**ルータ4**	**1**

ルータ2

宛先	Next Hop	メトリック
A	Connect	0
C	Connect	0

ルータ3

宛先	Next Hop	メトリック
B	Connect	0
C	Connect	0
D	**ルータ4**	**1**

ルータ4

宛先	Next Hop	メトリック
B	Connect	0
D	Connect	0

③ ルータ3がブロードキャスト（ルータ1，2，4が受信）

ルータ1

宛先	Next Hop	メトリック
A	Connect	0
B	Connect	0
D	ルータ4	1
C	**ルータ3**	**1**

ルータ2

宛先	Next Hop	メトリック
A	Connect	0
C	Connect	0
B	**ルータ3**	**1**
D	**ルータ3**	**2**

ルータ3

宛先	Next Hop	メトリック
B	Connect	0
C	Connect	0
D	ルータ4	1

ルータ4

宛先	Next Hop	メトリック
B	Connect	0
D	Connect	0
C	**ルータ3**	**1**

④ ルータ1がブロードキャスト（ルータ2，3，4が受信）

ルータ1

宛先	Next Hop	メトリック
A	Connect	0
B	Connect	0
D	ルータ4	1
C	ルータ3	1

ルータ2

宛先	Next Hop	メトリック
A	Connect	0
C	Connect	0
B	ルータ3	1
D	ルータ3	2

ルータ3

宛先	Next Hop	メトリック
B	Connect	0
C	Connect	0
D	ルータ4	1
A	**ルータ1**	**1**

ルータ4

宛先	Next Hop	メトリック
B	Connect	0
D	Connect	0
C	ルータ3	1
A	**ルータ1**	**1**

図 4.21　RIP でのルーティングテーブルの変化

4.8 ルーティング　　77

③ ルータ3は自分の持っているルーティングテーブルの情報（ネットワークB，C，Dに関する情報）をブロードキャストする．ルータ1，2，4はルータ3からのブロードキャストを受信して，ルーティングテーブルの情報を更新する．

④ 同様にしてルータ1は自分の持っているルーティングテーブルの情報をブロードキャストし，ルータ3，4はその情報を基にルーティングテーブルを更新する．結果各ルータのルーティングテーブルは収束する．

図4.21の④のように各ルータのルーティングテーブルが収束した場合，ルータ1からネットワークDへのメトリックは1，ルータ2からネットワークDへのメトリックは2であるので，ネットワークAからネットワークDへの経路は，［ネットワークA→ルータ1→ネットワークB→ルータ4→ネットワークD］となる．

各ルータのルーティングテーブルの情報は，隣接ルータからのブロードキャストを絶えず受信することにより維持される．この状態で，もしルータ1が故障した場合（**図4.22**），ルーティングテーブルは以下のように変化する（**図4.23**）．

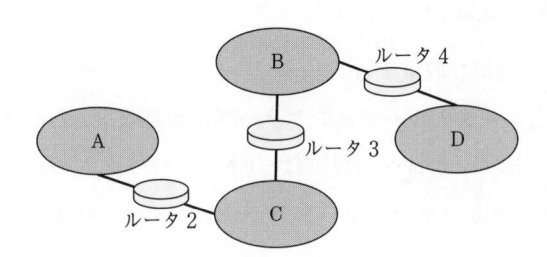

図4.22 ルータ1が故障した場合

⑤ ルータ1が故障すると，ルータ1からのブロードキャストは途絶えるので，各ルータのルーティングテーブルからルータ1をNext Hopとした情報は削除される．

⑥ ルータ2は自分のルーティングテーブルをブロードキャストし，それをルータ3が受信する．ルータ3はネットワークAに関する情報を更新し，さらに全情報をブロードキャストする．ルータ4はルータ3からのブロードキャストを受信し，ネットワークAに関する情報を更新する．これにより各ルー

⑤ルータ1が故障した場合，ルータ1をNext Hopとした情報は削除される。

ルータ1

宛先	Next Hop	メトリック
—	—	—
—	—	—
—	—	—
—	—	—

ルータ2

宛先	Next Hop	メトリック
A	Connect	0
C	Connect	0
B	ルータ3	1
D	ルータ3	2

ルータ3

宛先	Next Hop	メトリック
B	Connect	0
C	Connect	0
D	ルータ4	1
A	—	—

ルータ4

宛先	Next Hop	メトリック
B	Connect	0
D	Connect	0
C	ルータ3	1
A	—	—

⑥ルータ2，続いてルータ3がブロードキャスト

ルータ1

宛先	Next Hop	メトリック
—	—	—
—	—	—
—	—	—
—	—	—

ルータ2

宛先	Next Hop	メトリック
A	Connect	0
C	Connect	0
B	ルータ3	1
D	ルータ3	2

ルータ3

宛先	Next Hop	メトリック
B	Connect	0
C	Connect	0
D	ルータ4	1
A	**ルータ2**	**1**

ルータ4

宛先	Next Hop	メトリック
B	Connect	0
D	Connect	0
C	ルータ3	1
A	**ルータ3**	**2**

図4.23 ルータ1が故障した場合のルーティングテーブルの変化

タのルーティングテーブルは再び収束する。

図4.23の⑥のように各ルータのルーティングテーブルが再収束した結果，ネットワークAからネットワークDへの経路は，［ネットワークA→ルータ2→ネットワークC→ルータ3→ネットワークB→ルータ4→ネットワークD］と変化する。

（2） **OSPF**　　OSPF（Open Shortest Path First）は中規模以上のAS内でよく用いられるIGPである（小規模なネットワークで使用してはいけないという意味ではない）。OSPFはネットワークの接続の仕方からネットワークトポロジーを学習する**リンクステート型**のルーティングプロトコルである。

OSPFでは，ネットワークの接続状態を知るために周囲のルータと**LSA**（Link State Advertisement）と呼ばれる情報をマルチキャストにより交換する。RIPのブロードキャストように常に情報を交換するわけではなく，状態に変更

のあった場合にのみ差分情報を LSA で交換する（変更のない間は生存確認のみ行う）。

ネットワーク間の距離（メトリック）としては，**コスト値**が用いられる。コスト値ではホップ数に加えて，回線のスピードなども考慮され，RIP のメトリックより実用的なものとなっている。

OSPF は RIP と比べて，ネットワークトポロジー（ルーティング情報）の学習の収束速度が速く，ネットワーク上のトラフィックも少なくなるなど効率的ではあるが，反面，設定の難易度は高くなる。

（3）**BGP**4　　BGP（Border Gateway Protocol）は AS 間のルーティングに使用される EGP であり，BGP Version 4（BGP4）は現在のインターネットにおける ISP 間のルーティングプロトコルの標準となっている。

BGP4 はディスタンスベクタ型とリンクステート型の中間の性質を持つパスベクタ型であり，最短経路を求めるためのメトリックとしてパス属性と呼ばれる情報を使用する。**パス属性**はさまざまな情報からなるが，その主要なものにAS-PATH 属性がある。

各 BGP4 ルータは隣接するルータから AS-PATH 属性を受信した際に，そこに自分に付与された固有の番号（AS 番号）を追加し，さらにそれを他の隣接ルータにアナウンスする。これにより，AS-PATH 属性には，該当ネットワー

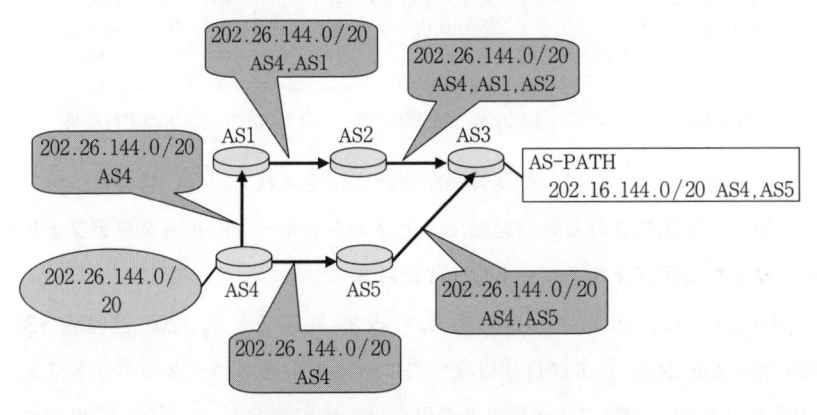

図 4.24　BGP4 の AS-PATH 属性

クへ到達するまでに通過するASのリスト（経路）情報が含まれることになる（**図4.24**）。

BGP4ルータでは，このAS-PATH属性を用いることにより，経路のループを検出することも可能である。

4.8.3 小規模ネットワークでの設定例【中級】

（1） Linux端末での設定例　　Linux/Unixマシンでのルーティングの設定内容の表示，変更はrouteコマンドによって行われる。ただし，末端ノードにおいては，ルーティングプロトコルによるダイナミックルーティングを行わなければならないような場面は滅多になく，ほとんどの場合はスタティックルーティングで十分である。

図4.25にLinuxマシンでのrouteコマンドの実行結果（スタティックルーティングでのルーティングテーブルの表示）を示す。このLinux端末が属するネットワークは202.26.159.128/255.255.255.240であり，図中のdefaultがデフォルトルートを表している。

```
$ route
カーネルIP経路テーブル
受信先サイト      ゲートウェイ      ネットマスク        フラグ Metric Ref 使用数 インタフェース
202.26.159.128   *                255.255.255.240   U      0      0   0     eth0
127.0.0.0        *                255.0.0.0         U      0      0   0     lo
default          202.26.159.142   0.0.0.0           UG     0      0   0     eth0
```

図4.25　Linuxマシン（202.26.159.135/28）でのrouteコマンドの実行結果

デフォルトルートとは，転送経路が明確に指定されていない場合に，デフォルト値として選択される転送経路で，デフォルトルートのルータを**デフォルトルータ**または**デフォルトゲートウェイ**と呼ぶ。

図4.25では，宛先が，自分の属するネットワーク（202.26.159.128/255.255.255.240）および自分自身へのローカルループバックのネットワーク（127.0.0.0/255.255.255.0）以外の場合は，すべて202.26.159.142のデフォ

ルトゲートウェイへパケットが転送される設定になっている。

Linuxでデフォルトゲートウェイ（デフォルトルータ）を変更する場合には，以下のようにいったんデフォルトゲートウェイを削除してから，登録をし直す（コマンドの実行にはroot権限が必要）。

route del default gw 202.26.159.142
route add default gw "新しいデフォルトゲートウェイのIPアドレス"

ただし，コンソールからのコマンドによる変更では，一時的にしかデフォルトゲートウェイを変えることはできない。デフォルトゲートウェイを永続的に変える場合は設定ファイル（RedHat系のLinuxでは/etc/sysconfig/network）の内容を変える必要がある。設定ファイルの内容を変更することにより，システム起動時にそのファイルの内容をパラメータとしてrouteコマンドが自動的に発行されるので，変更を永続的にすることが可能となる。

（2）**MS Windowsでの設定例**　MS Windowsではデフォルトゲートウェイの表示や設定はコントロールパネルで行うが，コマンドプロンプトからrouteコマンドを使用することにより，設定の表示や，さらに細かいルーティングの設定を行うことも可能である。図4.26はMS Windows XPマシンでの

```
C:¥Users¥guest> route print
…………
===========================================================================
Active Routes：
Network Destination        Netmask          Gateway       Interface  Metric
          0.0.0.0          0.0.0.0   202.26.159.142  202.26.159.137      30
        127.0.0.0        255.0.0.0        127.0.0.1       127.0.0.1       1
      169.254.0.0      255.255.0.0   202.26.159.137  202.26.159.137      20
   202.26.159.128  255.255.255.240   202.26.159.137  202.26.159.137      30
   202.26.159.137  255.255.255.255        127.0.0.1       127.0.0.1      30
   202.26.159.255  255.255.255.255   202.26.159.137  202.26.159.137      30
        224.0.0.0        240.0.0.0   202.26.159.137  202.26.159.137      30
  255.255.255.255  255.255.255.255   202.26.159.137  202.26.159.137       1
Default Gateway：   202.26.159.142
===========================================================================
…………
```

図4.26　MS Windows XPマシン（202.26.159.137/28）でのroute printコマンドの実行結果

route print コマンドの実行結果である。

（3） **ルータでの設定例**　ルータの設定内容の一部を**図4.27**に示す。このルータではRIPとスタティックルーティングを併用している。

```
#show running-config
………
router rip
   network 10.0.0.0
   network 202.26.159.0
!
ip classless
ip route 0.0.0.0 0.0.0.0 10.10.10.3
ip route 172.28.254.0 255.255.255.0 202.26.159.250
ip route 202.26.153.0 255.255.255.0 10.10.10.1
………
```

図4.27　ルータの設定例の一部

図4.27の設定例の中のrouter ripとそれに続くnetworkの行がRIP使用の設定であり，networkに続くIPアドレスに対してRIPによりダイナミックルーティングを行うことを意味している。

ip routeがスタティックルーティングの設定を示し，ip route 0.0.0.0 0.0.0.0 10.10.10.3では0.0.0.0 0.0.0.0の部分がデフォルトルートを10.10.10.3がデフォルトルータを示す。また，ip route 202.26.153.0 255.255.255.0 10.10.10.1は202.26.153.0/255.255.255.0宛てのパケットは10.10.10.1へ転送することを示している。

図4.28はルータのルーティングテーブルの出力例である。先頭のRはRIPによって生成された情報であることを示し，[120/1]の部分の1がメトリックを表す。

また，先頭のCは該当ネットワークがルータのインタフェースに直結（connect）していることを示し，Sはスタティックルーティングであることを示す。0.0.0.0/0は先に述べたようにデフォルトルートである。

図4.28のルーティングテーブルの情報からわかるこのネットワークの構造を**図4.29**に示す。中央のルータが該当ルータを表す。

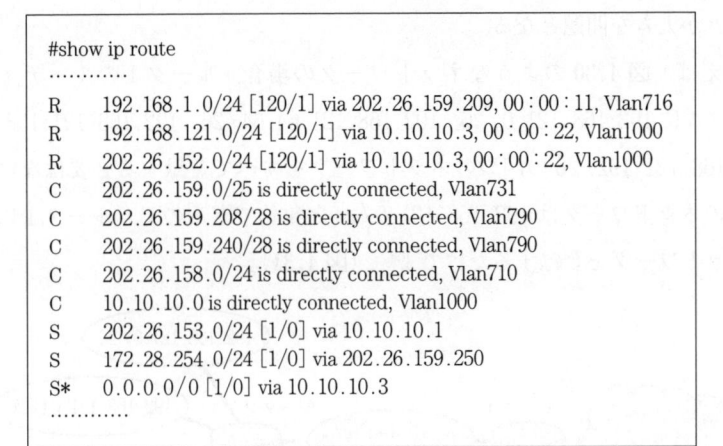

```
#show ip route
............
R     192.168.1.0/24 [120/1] via 202.26.159.209, 00:00:11, Vlan716
R     192.168.121.0/24 [120/1] via 10.10.10.3, 00:00:22, Vlan1000
R     202.26.152.0/24 [120/1] via 10.10.10.3, 00:00:22, Vlan1000
C     202.26.159.0/25 is directly connected, Vlan731
C     202.26.159.208/28 is directly connected, Vlan790
C     202.26.159.240/28 is directly connected, Vlan790
C     202.26.158.0/24 is directly connected, Vlan710
C     10.10.10.0 is directly connected, Vlan1000
S     202.26.153.0/24 [1/0] via 10.10.10.1
S     172.28.254.0/24 [1/0] via 202.26.159.250
S*    0.0.0.0/0 [1/0] via 10.10.10.3
............
```

図4.28 ルータのルーティングテーブルの一部

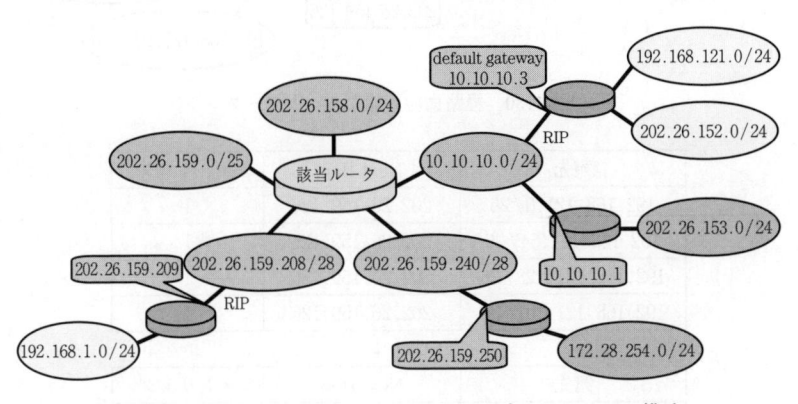

図4.29 ルーティングテーブルからわかるネットワークの構造

4.8.4 経路情報の集約【中級】

ルータのメモリには上限がある。つまりルータ内部のルーティングテーブルにも登録件数の上限があるということである。もしルータに格納すべきルーティング情報が，ルーティングテーブルの登録件数の上限を超えてしまうと，ルーティングは正常に行われなくなり，最悪の場合にはルータがハングアップしてしまう。

したがって，大規模なネットワークでは，いかに経路情報を集約するかとい

うことが大きな問題となる。

例えば，**図 4.30** のようなネットワークの場合，ルータ 1 のルーティングテーブルに 192.168.121.0/26, 192.168.121.64.64/26, 192.168.121.128/26, 192.168.121.192/26 の四つのネットワークをすべて登録する必要はない。これらのネットワークは 192.168.121.0/24 と集約できるので，ルータ 1 にはこのネットワークを登録するだけでよい（**図 4.31**）。

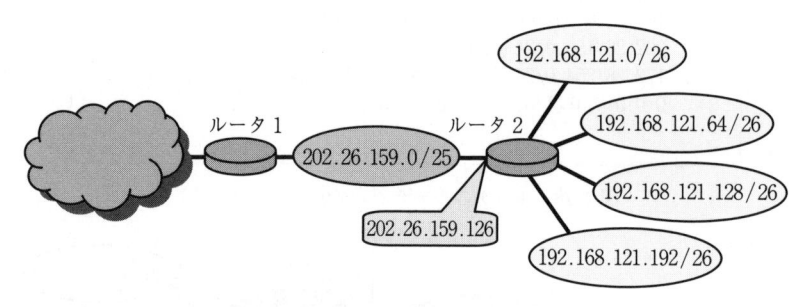

図 4.30 経路集約可能なネットワーク

宛先	Next Hop	メトリック
192.168.121.0/26	202.26.159.126	1
192.168.121.64/26	202.26.159.126	1
192.168.121.128/26	202.26.159.126	1
192.168.121.192/26	202.26.159.126	1

↓↓↓

宛先	Next Hop	メトリック
192.168.121.0/24	202.26.159.126	1

図 4.31 集約された経路情報

4.8.5 論理ネットワークの定義とルータの役割

ネットワーク層の中継器であるルータは，ネットワークとネットワークをつなぐ。逆の言い方をすれば，「ルータでつながっているものが論理ネットワーク」であるといえる。また，ルータはネットワークとネットワークを分割するともいえるので，「ルータは論理ネットワークを分割する」ともいえる。

また，ブロードキャストに関していえば，通常ブロードキャストは同一ネッ

トワーク内にしか伝達されない。したがって，ブロードキャストの届く範囲がネットワークの範囲であるともいえる。ブロードキャストの届く範囲をブロードキャストドメインと呼ぶので，一般的には「ブロードキャストドメインが論理ネットワークの範囲」であるという定義も存在する。

ただし最近では，ある種のブロードキャストが例外的にルータを越えて伝送される場合もあるので，より厳密には，「ARPブロードキャストが直接届く範囲が論理ネットワークの範囲」であるといってもよい。

これらをまとめると，OSI参照モデルのネットワーク層における論理ネットワークは以下のように定義できる。

・ルータによってつながっているもの
・ブロードキャストドメイン（ARPブロードキャストが直接届く範囲）

また，以上のことにより，スイッチングハブには「コリジョンドメインの分割」という機能が存在したが，同様にルータには「ブロードキャストドメインの分割」という機能が存在することになる。

4.9 VPN

4.9.1 VPNとは

VPN（Virtual Private Network）とは，一般的には暗号化技術と**トンネリング技術**を用いて，公共ネットワーク（通常はインターネット）内に仮想的な専

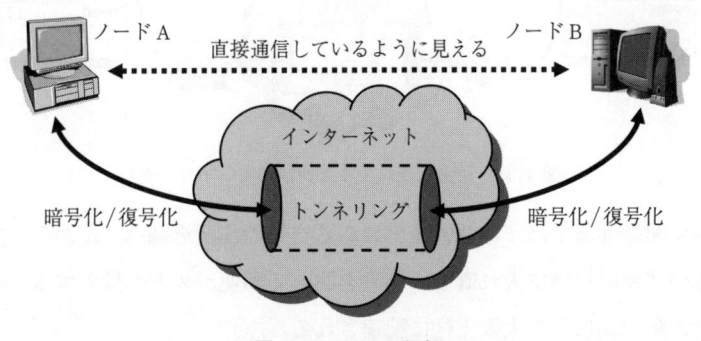

図 **4.32** VPN の概観

用ネッワークの通信路を形成する手法である。ユーザ側では暗号化やトンネルの存在は一切意識する必要はなく，末端のネットワークどうしが直接つながっているように見える。

図4.32はノードAとノードBがインターネットを経由（トンネリング）して，VPNを形成している図である。VPNを形成することにより，ノードAとノードBはたがいに直接通信しているように錯覚する。

4.9.2　トンネリング技術

トンネリング技術とは，本来の通信データをトンネリングの対象となるネットワークのプロトコルで再カプセル化して伝送する技術である。

例えば，東京に本社，大阪に支社のある会社の社内便について考えてみる（**図4.33**）。東京本社の人事部のAから，大阪支社の第3営業部のBへ社内便を出す場合，人事部のAは「第3営業部B殿」と宛名書きした封筒に書類を入れ，それを社内便の配送部署へ届けるだけでよい。

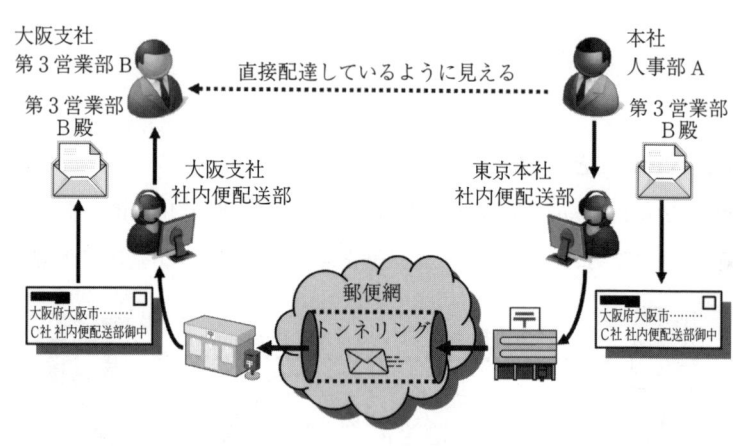

図4.33　通常郵便による郵便網のトンネリング

社内便配送部署では，第3営業部のある支社の住所を調べ，Aからの社内便を通常の郵便の封筒に入れ直し，切手を貼って郵便ポストへ投函する。郵便物は通常の郵便網により大阪支社に配達される。

大阪支社の社内便配送部署は受け取った郵便を開封し，中からB宛の社内便を取り出し，第3営業部のBへ配達する．すなわちユーザAやBにとっては，通常の郵便による配達にはまったく関与しないため，AからBへ直接配達されたように見える．

社内便を通常の封筒に入れ直す作業が再カプセル化，郵便網を利用して大阪支社に社内便を配送する箇所がトンネリングに相当する（郵便網をトンネリングして社内便が届けられる）．実際のVPNでは，通信中の内容がネットワーク内のトンネルを通過中に盗聴されないように，データを暗号化してから再カプセル化する．

4.9.3 レイヤ2 VPNとレイヤ3 VPN

VPNにはOSI参照モデルの第2層で機能するレイヤ2 VPNと，第3層で機能するレイヤ3 VPNがある．**図4.34**のレイヤ2のVPNでは，ノードAとノードBは同じネットワーク内にあるように振舞う．一方，**図4.35**のレイヤ3のVPNの場合，ノードAとノードBは隣接するネットワークにそれぞれ属するように見える．つまりノードAとノードBはルータを介してつながっているように振舞うのである．

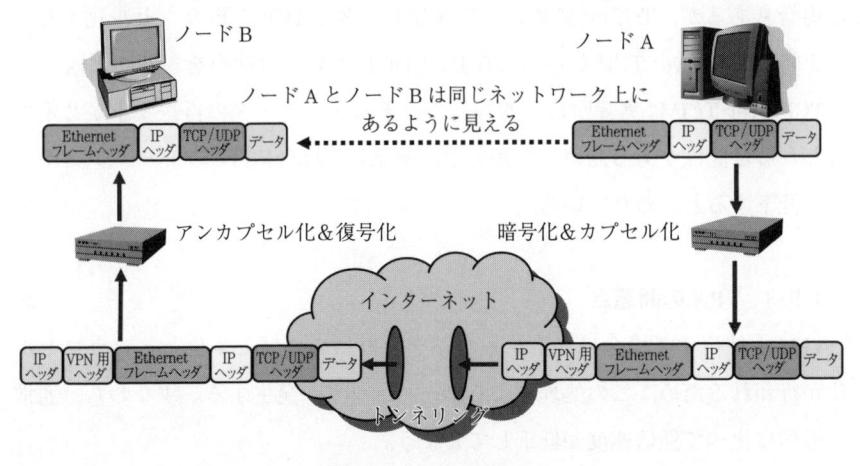

図4.34　レイヤ2 VPN

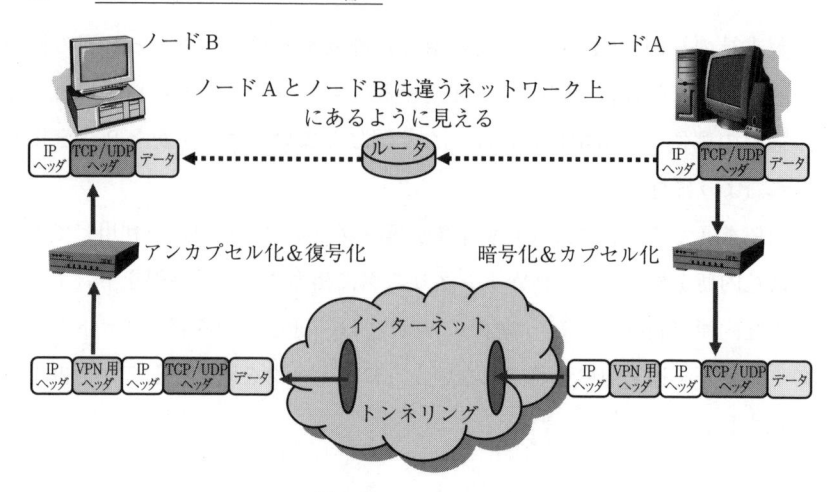

図 4.35 レイヤ 3 VPN

　レイヤ 2 とレイヤ 3 の VPN の違いは，トンネリング時の再カプセル化で，フレーム（第 2 層のデータ）を再カプセル化するのか，パケット（第 3 層のデータ）を再カプセル化するかの違いである．

　なお，図 4.34，4.35 ではトンネリングの際に「VPN 用ヘッダ」が付加されているが，これは VPN のカプセル化用のヘッダで，VPN ごとに専用のヘッダが付加される．「VPN 用ヘッダ」として TCP または UDP のヘッダが採用される場合もあるが，TCP セグメントを含むデータを TCP で再カプセル化することを特に TCP over TCP と呼ぶ（TCP・UDP については次章を参照せよ）．

　TCP over TCP は実装が比較的容易ではあるが，データの再送要求が 2 重で行われる可能性があるため，再送要求が多発した場合にはパフォーマンスが著しく低下するといわれている．

4.9.4　VPN の問題点

　VPN を使用する場合は，トンネリングのためのカプセル化とアンカプセル化が行われるため，この処理によるオーバヘッドが発生する．すなわち，通常の通信に比べて通信速度が低下してしまう．

4.9　VPN

　また，カプセル化でプロトコルヘッダが追加されることにより，実質的なデータのサイズが増加し，トンネリングを行う際にイーサネットフレームのデータ部が1500Byteを超えてしまう場合もある．通常では，イーサネットフレームのデータ部が1500Byteを超えた場合にはそのフレームは破棄されるため，データの再送が頻発し，実質的な通信速度の低下につながる恐れがある．

　イーサネットフレームのデータ部がトンネリングの最中に1500Byteを超えないようにするためには，使用するVPNにおいて追加されるヘッダのサイズをあらかじめ計算し，**MTU**（Maximum Transmission Unit，IPパケットのサイズ）または**MSS**（Maximum Segment Size，最大セグメント長）をそのヘッダのサイズ分小さめに設定する必要がある（図4.36）．ただし，UDPパケットをカプセル化する場合は，上位層でUDPセグメントを分割できない場合が多く，問題が残る．さらに，前項にもあるようにTCP over TCPによるVPNでは，データの再送処理時に転送速度が著しく低下する可能性もある．

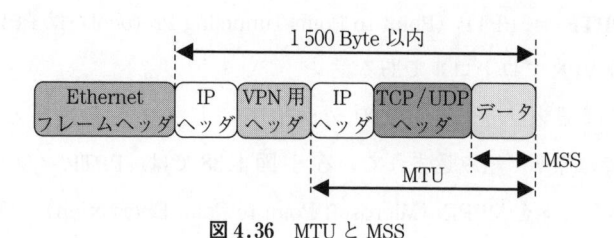

図4.36　MTUとMSS

4.9.5　代表的なVPNとその基本プロトコル

（1）**PPP**　　PPP（Point to Point Protocol）はVPNのプロトコルではないが，いくつかのVPNで利用される基本的なプロトコルであるため，ここでその説明を行う．

　PPPはデータリンク層のプロトコルで，ADSLやFTTH以前のダイヤルアップで使用されていたプロトコルである（**図4.37**）．

　図4.37の場合，端末ノードで作られた通信用のIPパケットは，ノード内のPPP接続プログラムの働きで，PPPフレームによるカプセル化が行われる．

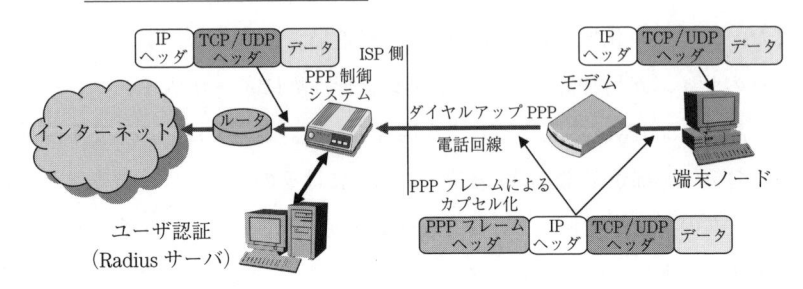

図4.37 PPPでの接続

PPPフレームでカプセル化されたデータ（フレーム）はモデムによりアナログ信号に変換され，電話回線を通じてISPのPPP制御システムに到達する。

ISPのPPP制御システムでは，PPPのPAPまたはCHAP機能を利用してRadiusサーバなどでユーザ認証を行い，認証を通過したフレームに対しては，PPPフレームからTCP/IPパケットを取り出して（アンカプセル化して）インターネットへの転送を行う。

（2） **PPTP**　　PPTP（Point to Point Tunneling Protocol）はPPPを利用した代表的なVPNプロトコルである。

PPTPでは端末ノードにPPTPクライアントソフトを必要とする（MS Windowsでは標準で組み込まれている）。図4.38では，PPTPクライアントはTCP/IPパケットをMPPE（Microsoft Point to Point Encryption）で暗号化し，それをIPパケットと**GRE**（Generic Routing Encapsulation，汎用カプセル化プロトコル）で包み込んでトンネリングを行う（GREはVPN用のIP上位プ

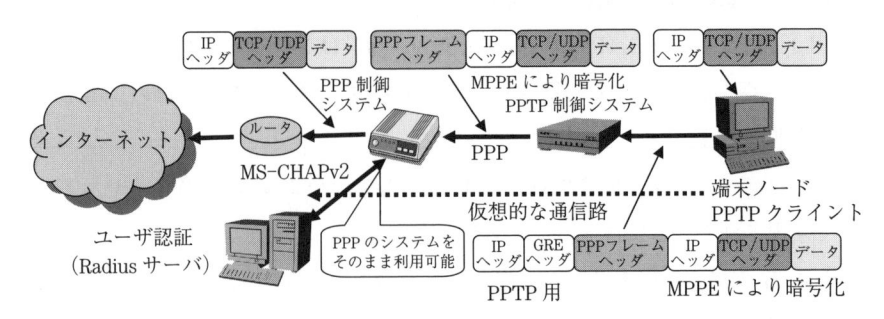

図4.38 PPTP

ロトコル）．

　また，認証では通常の CHAP より安全性の高い，MS-CHAP v2（Microsoft - Challenge Handshake Authentication Protocol version 2）が使用される．

　これにより，端末ノードと PPP 制御システムの終端の間に仮想的な通信路（VPN）を形成することができる．

　なお，図 4.38 の PPP 制御システムと PPTP 制御システムはソフトウェアでも実装可能で，1 台のサーバ（PPTP サーバ）として稼動させることも可能である．

（3）**IPsec-VPN**　　IPsec（アイピーセック，Security Architecture for Internet Protocol）は，もともとは IP レベルでパケットの暗号化と認証を行うためのプロトコルであるが，そのトンネルモードを利用すると VPN（IPsec-VPN）としても使用することが可能である（**図 4.39**）．

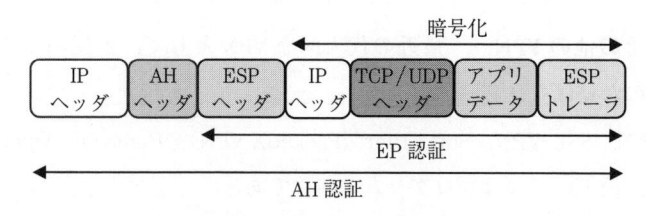

| IP ヘッダ | AH ヘッダ | ESP ヘッダ | IP ヘッダ | TCP/UDP ヘッダ | アプリ データ | ESP トレーラ |

暗号化：IP ヘッダ〜ESP トレーラの一部
EP 認証：IP ヘッダ〜アプリデータ
AH 認証：AH ヘッダ〜ESP トレーラ

図 4.39　IPsec のトンネルモード

　IPsec プロトコルは，パケット全体の認証や改ざんの検出を行う **AH**（認証ヘッダ，Authentication Header）プロトコルとパケットデータ（セグメント）の認証と暗号化を行う **ESP**（暗号ペイロード，Encapsulated Security Payload）プロトコル，および暗号化鍵の交換を行う **IKE**（Internet Key Exchange）プロトコルからなる．

　IPsec-VPN は，一般的にはこのうちの ESP と IKE プロトコルを用いて構成される．ちなみに，IPsec の旧バージョンでは，ESP による認証がサポートされていなかったため，IPsec-VPN を構成するためには AH も必要であった．しかし，現在では ESP だけでもデータ（セグメント）の認証が行えるようになったため，AH を使用しなくても IP-VPN を構成することが可能となった（もち

ろん，AHを使用してもよい）。

図 4.40 では，IPsec GateWay によって自動的に IKE による鍵交換と ESP ヘッダによる暗号化が行われ，トンネリングが行われている。

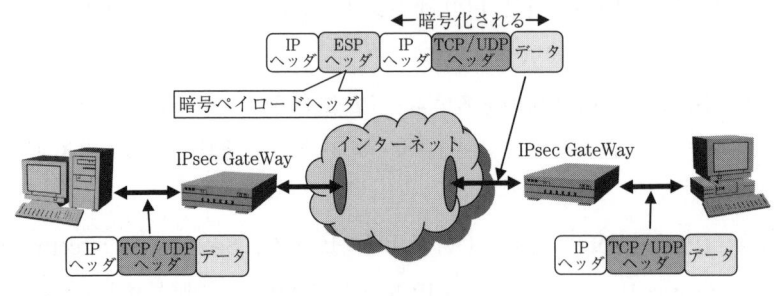

図 4.40　IPsec-VPN

なお，IPsec は IPv4 ではオプションであるが，IPv6 では実装が必須（使用は任意）となっている（IPv6 については次節を参照せよ）。

（4）**その他の VPN**　　最近の代表的な VPN として，上記の VPN の他に以下のものが挙げられる。

SSH-VPN，SSL-VPN，Soft Ether（PacketiX VPN），Hamachi，OpenVPN

ただし，後半の三つはプログラムの名称である。

4.10　IPv6

4.10.1　IPv4 の問題点

現在使用されている TCP/IP は，すでに 30 年近くも使用されており，昨今のネットワーク事情には即さない面もある。特に現在の IP，つまり IPv4 には下記のような欠点が存在する。

・IP アドレスの枯渇（32bit，43 億個）
・経路情報の複雑化
・複雑な設定
・貧弱なセキュリティ機能

・QoS 機能の欠如

これらの問題の解決のため，IP の次期バージョンとして **IPv6** が策定され，現在 IPv4 から IPv6 への移行作業が進められている。

IPv6 では IPv4 の問題への対応として，以下の解決策が採られている。

・IP アドレスの枯渇　→　アドレスの拡張（128bit）

・経路情報の複雑化　→　管理の階層化による経路集約

・複雑な設定　→　Plug and Play 機能の搭載

・貧弱なセキュリティ機能　→　IPsec の標準搭載（IPv4 ではオプション）

・QoS 機能の欠如　→　パケット種別に対する QoS 制御の搭載

4.10.2　IPv6 のアドレス表記と構造

IPv4 の IP アドレスは 32bit であったが，IPv6 での IP アドレスは 128bit にまで拡張されている。したがって，IPv6 では利用可能なアドレス数が単純計算で $2^{128} \fallingdotseq 3.4 \times 10^{38}$ ほどあり，膨大なアドレス空間が利用できることになる。

IPv6 のアドレス表記では，16bit ずつ：（コロン）で区切って 16 進で表す。

例）7b2d：4359：0102：0304：0506：0708：0900：6300

ただし，途中の連続する 0000 は，1 箇所だけではあるが：：で省略可能である。また，：で区切られた箇所の先頭部分の 0 も省略可能である（**図 4.41**）。

```
0000：0000：0000：0000：0123：4567：8900：0987 → ：：0123：4567：8900：0987
                                        → ：：123：4567：8900：987
0000：0000：0100：0000：0123：4567：8900：0987 → ：：100：0：123：4567：8900：987
                               または → 0：0：100：：123：4567：8900：987
```

図 4.41　IPv6 での IP アドレスの省略方法

IPv6 の IP アドレスを大まかに分解すれば，IPv4 のネットワーク部に相当する**サブネットプレフィックス**とノード部に相当する**インタフェース ID** に分けられる（**図 4.42**）。多くの場合，サブネットプレフィックスは 64bit（0 〜 63bit）であり，インタフェース ID も 64bit（64 〜 127bit）の長さが使用され

サブネットプレフィックス	インタフェース ID
（通常は 0 ～ 63bit）	（通常は 64 ～ 127bit）

図 4.42　IPv6 アドレスの大まかな構造

る。サブネットプレフィックスは IPv4 と同様にサブネット化（ネットワークを再分割）することが可能で，その場合は CIDR のプレフィックス長表記を用いてサブネット化を行う。

4.10.3　IPv6 のアドレスの割り当て【中級】

IPv6 では次の三つの通信モードをサポートしている。

1) ユニキャスト：1 対 1 通信。IPv4 のユニキャストに同じ。
2) マルチキャスト：1 対多通信。IPv4 のブロードキャストとマルチキャストに相当。
3) エニーキャスト：1 対（特定グループ内の）1 通信。特定グループ内の最もネットワーク的に近いマシンが応答し，通信を行う。

IPv6 では，ブロードキャスト通信はマルチキャスト通信の一部と見なされているため，両者を統合してマルチキャスト通信と呼ぶ。

また，エニーキャスト通信は IPv4 には存在しない通信モードで，特定グループのノード群（通常は特定のサーバプロセスが作動しているマシン群）のうちのいずれかの 1 台と通信を行うモードである。

ユニキャスト通信で使用される IPv6 のユニキャストアドレスは，アドレスの有効範囲（スコープ）によって，さらに 3 種類に分類される。すなわち，リンクローカル［ユニキャスト］アドレス，ユニークローカル［ユニキャスト］アドレス，グローバル［ユニキャスト］アドレスである（[　] 内のユニキャストは省略される場合が多い）。なお，IPv4 のプライベートアドレスに相当するサイトローカル［ユニキャスト］アドレスは，その取り扱いの難しさから，RFC 3879 により廃止が決まっている。

リンクローカルアドレスはローカルリンク内で有効なユニキャスト用アドレ

スである．ローカルリンクとはブロードキャストの届く範囲を示し，いわゆる（OSI参照モデルの第3層の）ネットワークと同義語である．

ユニークローカルアドレスは廃止の決まったサイトローカルアドレスに代わって定義されたアドレスである．これはプライベートネットワークを形成するためのアドレスであるが，サイトローカルユニキャストアドレスと違い，二つプライベートネットワークを接続してもアドレスが重複しないようになっている．

グローバルアドレスはIPv4のグローバルアドレスと同様に，インターネット全体に有効なアドレスである．

表4.2にIPv6のIPアドレスのプレフィックスによる分類とその用途を，図4.43にアドレスの有効範囲（スコープ）におけるIPアドレスの構造を示す．

またIPv6で使用される特殊なIPアドレスとして以下のようなものがある（図4.44）．

表4.2 IPv6アドレスの分類とその用途

プレフィックス	用途
::/8	未指定，ローカルループバック
2000::/3	グローバルユニキャストアドレス
2001::/16	IPv6インターネット用グローバルユニキャストアドレス（IANAより実際に配布が行われているプレフィックス）
fc00::/7	ユニークローカルユニキャストアドレス
fe80::/10	リンクローカルユニキャストアドレス
fec0::/10	サイトローカルユニキャストアドレス（廃止が決定）
ff00::/8	マルチキャストアドレス
ff02::1/128	リンクローカルのすべてのノードへのマルチキャストアドレス
ff02::2/128	リンクローカルのすべてのルータへのマルチキャストアドレス

・**未指定アドレス**

自分のアドレスが決まっていないときに使用される特殊アドレスで0:0:0:0:0:0:0:0，つまり::が使用される．

・**ループバックアドレス**

IPv4での127.0.0.1に相当するアドレスで，IPv6では::1が使用される．

[1] グローバルユニキャストアドレス

bit	0	47	48	63	64	127
	グローバルルーティングプレフィックス		サブネットID		インタフェースID	

[2] ユニークローカルユニキャストアドレス

bit	0	6	7	8	47	48	63	64	127
	1111 110		0	グローバルID		サブネットID		インタフェースID	

[3] リンクローカルユニキャストアドレス

bit	0	9	10	63	64	127
	1111 1110 10		00000000000……0000000000		インタフェースID	

図 4.43 各スコープにおける IPv6 アドレスの構造

[1] ローカルループバックアドレス

bit	0	111	112	127
	000000000000000……0000000000000000000000000		0000……0001	

[2] IPv4 互換アドレス

bit	0	79	80	95	96	127
	000000000000……0000000000000000000000		0000		IPv4 アドレス	

[3] IPv4 射影アドレス

bit	0	79	80	95	96	127
	000000000000……0000000000000000000000		ffff		IPv4 アドレス	

図 4.44 IPv6 における特殊なアドレスの構造

・**IPv4 互換アドレス**

IPv4 ネットワーク（IPv6 用のルータが存在しないネットワーク）上でIPv6 パケットをトンネリングするときに使用するアドレスである。プレフィックス長は 96bit で，ルーティングアドレス（ルーティングでの処理対象となるアドレスであり IPv4 のネットワークアドレスに相当）はプレフィックス部のビットをすべて 0 にした ::/96 である。ただし，ノード部には IPv4 アドレスの表記が用いられる。例）::202.26.155.16

・**IPv4射影アドレス**

　射影アドレスはIPv6のノードが，IPv6をサポートしないIPv4のノードと通信を行う場合に用いるアドレスである。プレフィックス長は96bitで，ルーティングアドレスは::ffff:0:0/96である。ただし，ノード部には互換アドレスと同様にIPv4アドレスの表記が用いられる。

　例)::ffff:192.168.1.1

4.10.4　ルーティングアドレスの集約【中級】

　グローバルアドレスは集約可能グローバルアドレスとも呼ばれ，上位48bitのグローバルルーティングプレフィックスによりインターネット上でのルーティング情報を集約させることが可能である（図4.45）。

bit	0　　　　　15	16　　　22	23　　　　　47	48　　　　63	64　　　　　127
	2001::/16	RIR	NIR	ISP	EU
	グローバルルーティング プレフィックス			サブネット ID	インタフェース ID

図4.45　グローバルユニキャストアドレスの構造

　グローバルルーティングプレフィックスにおけるルーティング情報の集約は，アドレス管理の階層構造化により実現される。管理の階層構造は，IPv4と同様に通常，IANA（ICANN）→ RIR → NIR → LIR/ISP → EU（End User）の順をたどる。しかし，IPv4では初期の頃はこの管理階層は存在せず，エンドユーザやサイトにフラットな空間のIPアドレスを多数割り当てたため，現在でも集約困難な状況が続いている（例えば連続するCクラスのアドレスが，違うISPを通してエンドユーザに割り当てられた）。

　IPv6において，IANA（ICANN）が現在実際に割り振りを行っているのは，グローバルユニキャストアドレスに指定されているアドレス空間（2000::/3）中の2001::/16のサブ空間である。IANAはこの中からプレフィックス/23のアドレス空間を各RIRに割り当てている。RIRは自分達に割り振られたアドレス空間のサブ空間を，さらに下位組織であるNIRやISPに割り当てる（割

り当てるプレフィックスは，割り当て対象のレジストリにより変化する）．

最終的には各エンドユーザ（サイト）にはプレフィックス/48のアドレス空間が割り当てられる．各エンドユーザ（サイト）が割り当てられた/48のアドレスでは，16bit のサブネット ID を指定することができるので，自組織内に最大 2^{16} 個のサブネットを作成することが可能である（図 4.45）．

4.10.5 Plug and Play【中級】

一般のエンドユーザにとってネットワークの設定は決して容易なものではない．IPv4 でも DHCP などにより設定の簡略化を図ってきたが，IPv6 では DHCP などのサーバがない状況でも自らの IP アドレスを自動生成できる **Plug and Play** の機能を持っている．

IPv6 アドレスのノード部に相当するインタフェース ID は，NIC の MAC アドレスから決定する．MAC アドレスは世界的に一意であるはずなので，MAC アドレスを使用してインタフェース ID を生成すれば，これもまた世界的に一意となるはずである（ただし手動で設定したインタフェース ID とは重複する可能性がある）．

MAC アドレスは 48bit でありインタフェース ID は 64bit であるので，MAC アドレスからインタフェース ID への変換は **EUI-64** と呼ばれる手法により行われる．EUI-64 では，まず MAC アドレスを 24bit ずつ二つに分け，間に fffe を挿入する．さらにアドレスの先頭 7bit 目（Universal/Local bit）を反転させる（**図 4.46**）．これにより 64bit のインタフェース ID が完成する．

Universal/Local bit は，その MAC アドレスが世界的に一意であるかどうかを保証するフラグである．通常であれば，このビットは 0（Universal）に設定

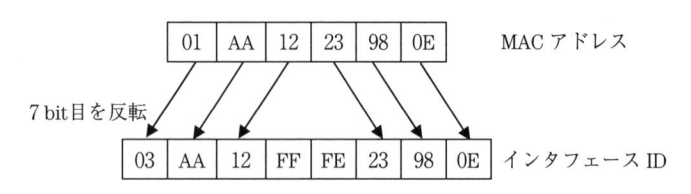

図 4.46 EUI-64

されており，そのMACアドレスが世界的に一意であることを保証している。しかしながら，EUI-64で生成したインタフェースIDは他と重複する恐れがあるため，このbitを反転させて1（Local）としている。

例えば図4.46では，ノードのMACアドレス01：AA：12：23：98：0EがインタフェースID 3aa：12ff：fe23：980eに変換されている。

次にノードは，自分がローカルリンクに接続しているとして，サブネットプレフィックスfe80：：/64を用いてリンクローカルユニキャストアドレスを生成する。さらに，念のため生成したアドレスがローカルリンク内で使用されていないことを確認する（アドレスが重複した場合は自動生成を中止する）。

リンクローカルユニキャストアドレスの生成に成功した場合は，そのアドレスを使用した**NDP**（近隣探査，Neighbor Discovery Protocol）によりルータを探索し，グローバルユニキャストアドレスを生成する。具体的にはノードからルータへ，ルータ要請（Router Solicitation）がマルチキャストで送信され，ルータがネットワークのプレフィックス情報などをルータ広告（Router Advertisement）として返信することにより設定が行われる。NDPを使用するとその他にもさまざまな情報を収集することが可能となる。

もしルータが返信を返さなければ，グローバルユニキャストアドレスの生成は中止される。

以上をまとめると，IPv6では，Plug and Play機能により，以下の手順でIPアドレスの自動生成が行われる。

① MACアドレスからEUI-64を用いて，インタフェースIDを生成する
② リンクローカルのプレフィックスfe80：：/64とインタフェースIDを用いて，リンクローカルユニキャストアドレスを生成する
③ 生成したアドレスが他のノードのアドレスと重複しないか確認する
④ NDPによりルータを検索し，その情報からグローバルユニキャストアドレスを生成する

4.10.6 IPsec 【中 級】

IPsec（Security Architecture for Internet Protocol）は IP レベルでパケットの暗号化と認証を行う機能である。IPv4 ではオプションであるが，IPv6 では実装が必須となっている。IPsec ではパケットに AH ヘッダと ESP ヘッダを追加することにより，暗号化と認証の機能を追加する。また，ここで使用される暗号化鍵は **IKE**（Internet Key Exchange）プロトコルによって交換される。

なお，IPsec には end-to-end の通信を行うための**トランスポートモード**（図 **4.47**）と IPsec-VPN を行うための**トンネルモード**がある。トンネルモードと IPsec-VPN については前節を参照されたい。

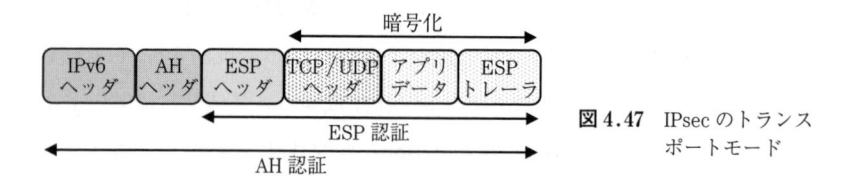

```
               ←――― 暗号化 ―――→
┌──────┬────┬────┬───────┬──────┬────┐
│ IPv6 │ AH │ESP │TCP/UDP│ アプリ│ESP │
│ ヘッダ│ヘッダ│ヘッダ│ ヘッダ │ データ│トレーラ│
└──────┴────┴────┴───────┴──────┴────┘
               ←――― ESP 認証 ―――→
       ←――――――― AH 認証 ―――――――→
```

図 **4.47** IPsec のトランスポートモード

AH（Authentication Header，認証ヘッダ）プロトコルでは，パケット全体の認証や改ざんの検出を行うことが可能である。認証および改ざん検出を行うための認証コードは，IKE による秘密鍵と一方向ハッシュ関数（MD5 または SHA-1）により生成される。

ESP（Encapsulating Security Payload，暗号ペイロード）プロトコルでは，IKE による秘密鍵を用いて DES，3DES または AES での暗号化をサポートする。また認証トレーラ機能を使用すると，パケットデータ（セグメント）の認証および改ざん検出を行うことが可能である。

なお，AH ではパケット全体の認証が可能であるが，ESP ではデータ（セグメント）部分のみの認証であることに注意すること。

4.10.7 QoS

IPv4 には **QoS**（Quality of Service）機能は存在しない。すべてのパケットが同等に通信路を流れる。これは高速道路上で人や自転車，自家用車，スポー

ツカー，高速バス，トラックなどが車線の規制なしに好き勝手に通行している状況に似ている。IPv6 では QoS 機能を実現し，高速道路（ネットワーク）上にそれぞれの車種（パケット種別）に適した幅員の専用車線（帯域）を作り出すことが可能である。

IPv6 では，ヘッダ内の「トラフィッククラス」フィールドによりパケット転送の優先順位を決定し，ネットワークが混雑してきた場合は，優先順位の高いパケットを先行転送することが可能である。

また「フローラベル」フィールドを利用してデータ転送の帯域を確保することも可能である。データの帯域確保は経路上のすべての機器（おもにルータ）に対して行わなければ意味を成さない。そのため，このリソース予約用に **RSVP**（Resource reSerVation Protocol）と呼ばれるプロトコルが用意されている。

4.10.8　IPv6 パケットの構造【中級】

IPv6 パケットの構造を**図 4.48** に示す。IPv4 のパケット（図 4.5）と比べて

（　）内は該当データのビット長

バージョン(4)	トラフィッククラス (8)	フローラベル (20)		
ペイロード長 (16)			次ヘッダ (8)	ホップリミット (8)
送信元 IP アドレス (128)				
送信先 IP アドレス (128)				
拡張ヘッダ（複数可：可変長）				
データ（セグメント：可変長）				

- バージョン：常に 6 が設定される
- トラフィッククラス：転送の優先順位。IPv4 の TOS に相当
- フローラベル：QoS 制御のための識別子
- ペイロード長：データ（ペイロード）の長さ（バイト単位）
- 次ヘッダ：次の拡張ヘッダの種別。ICMP：1，TCP：6，UDP：17，AH：51，ESP：52 など
- ホップリミット：IPv4 の TTL と同じ。通過できるルータの最大値。ルータを通るたびに −1 され，0 になるとパケットは破棄される
- 送信元 IP アドレス：送信元の IP アドレス
- 送信先 IP アドレス：宛先の IP アドレス
- 拡張ヘッダ：IPv6 基本ヘッダの拡張として，次に続くヘッダ。複数の拡張ヘッダを続けることが可能
- データ：上位層（トランスポート層）のデータ（セグメント）

図 4.48　IPv6 パケットの構造

構造が単純になっているが，これは，ヘッダを基本ヘッダと拡張ヘッダに分け，複雑な設定を拡張ヘッダとして独立させたためである。IPv6のヘッダでは「次ヘッダ」フィールドを利用して拡張ヘッダを次々に続けることが可能である（図4.49）。

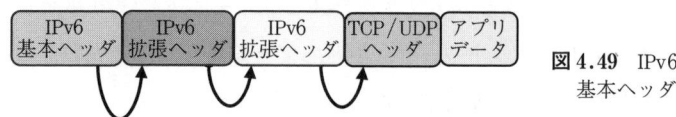

| IPv6 基本ヘッダ | IPv6 拡張ヘッダ | IPv6 拡張ヘッダ | TCP/UDP ヘッダ | アプリ データ |

図4.49　IPv6パケットの基本ヘッダと拡張ヘッダ

また，基本ヘッダではIPv4のチェックサムが削除されているが，これは今日のネットワークの品質の向上により，ネットワーク層でのエラー検査は，処理負荷に比べて効果が薄く冗長的であるためである（エラーが発生した場合は上位層で処理する）。

4.10.9　IPv4からIPv6への移行

IPv4からIPv6への移行については実際にはそれほど進んではいないのが現状である。現在，移行によるコストの問題については通信機器やソフトウェアの大半が標準でIPv4とIPv6の両方に対応しており（デュアルスタック），ほぼ解決されているといっても過言ではない。

しかしながら，IPv4とIPv6の互換性の問題は依然として残っており，自サイトをIPv6に変更した途端，他のIPv4のサイトとは通信できなくなってしまうのが現状である。したがって，徐々にIPv4からIPv6へ移行することが必要で，これに関して以下のようなシナリオが考えられている。なお，以下のシナリオにおいては，自組織のノード（マシン）はIPv4とIPv6の両方を搭載したデュアルスタックであるとする。

（1）**移行初期（IPv6 over IPv4）**　インターネット内はIPv4のサイトがほとんどで，IPv6のサイトはまだ少数であるような場合，他のIPv4のサイトと通信を行うにはIPv4を使用して直接通信を行う。

相手がIPv6のサイトの場合は，IPv6をIPv4でカプセル化して，インター

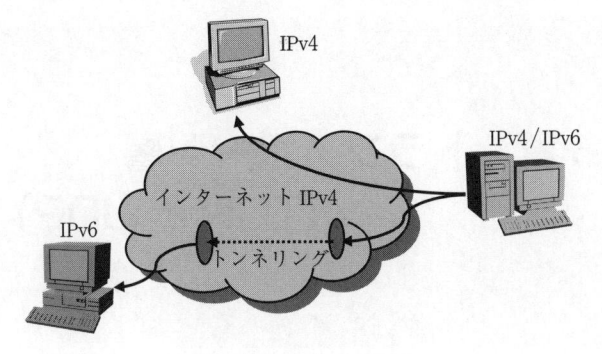

図 4.50　IPv6 over IPv4

ネットをトンネリングすることにより，IPv6のサイトと通信を行う（**図 4.50**）。

（2）**移行後期**（**IPv4 over IPv6**）　インターネット内はIPv6のサイトがほとんどで，IPv4のサイトがほとんどなくなってきている場合，他のIPv6のサイトとはIPv6を使用して直接通信を行う。

相手がIPv4のサイトの場合は，IPv4をIPv6でカプセル化してインターネットをトンネリングすることにより通信を行う（**図 4.51**）。

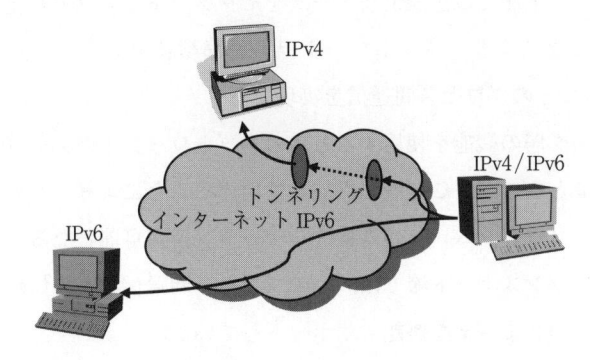

図 4.51　IPv4 over IPv6

5章 トランスポート層 (TCPとUDP)

5.1 トランスポート層の機能

トランスポート層のおもな機能は以下の3点である。
1) 上位層データのセグメントによるカプセル化とアンカプセル化
2) プロセス間通信の実現
3) 高信頼性通信のサポート

トランスポート層では，上位層データをセグメントでカプセル化・アンカプセル化することにより，ネットワーク上の通信機器（ノード）内のプロセス（プログラム）とのプロセス間通信を実現する。

ネットワーク層の機能を使用すると他のネットワーク上のノードとのパケット交換が可能となるが，この層の機能を使用することにより，初めてノード内のプロセス（プログラム）との直接的なデータ交換が可能となる。

さらに，トランスポート層では，このプロセス間通信をより信頼性の高いものにするためのさまざまな機能もサポートしている。

TCP/IPプロトコルのトランスポート層のプロトコルは**TCP**（Transmission Control Protocol）と**UDP**（User Datagram Protocol）である。TCPとUDPは非常に対照的なプロトコルで，UDPはトランスポート層のプロトコルであるにもかかわらず，高信頼性通信の機能をまったくサポートしない。逆にTCPは高信頼性のプロトコルであり，現在では信頼性が高すぎて「重いプロトコ

ル」であるとさえいわれている。

　TCP/IP は 1982 年にはすでに，現在使用されているものとほぼ同機能のものが完成しており（Version4），非常に古いプロトコル（ソフトウェア）であるといえる。TCP/IP の IP 部分は現在，次期バージョンである IPv6 への移行が進められているが，TCP と UDP に関する根本的な改良はほとんど進められていないのが現状である。

　また，TCP/IP にはセッション層とプレゼンテーション層の上位層が存在しないため，アプリケーションデータがセグメントにより直接カプセル化される。

5.2 TCP

　TCP はコネクション指向のストリーム型通信を行うプロトコルである。つまり，通信を行う際にはプロセス間に仮想的な通信路が形成され，その通信路を介してコネクションが張られる。TCP による通信は，よく電話に例えられ，絶えず相手との確認を取りながら通信が行われる。

　TCP では，高信頼性通信を実現するために以下の機能がサポートされている。

1) 確認応答によるセグメントの再送処理
2) ウィンドウサイズによるフロー制御
3) シーケンス制御
4) エラー検査

5.2.1　TCP におけるコネクションの確立

　TCP では 3 方向ハンドシェイク（three way handshake）と呼ばれる方法により，相手とのコネクションを確立する（図 5.1）。3 方向ハンドシェイクの手順を以下に示す。なお，下記説明文中のコードビットとは TCP セグメントの種類を示す 6bit のフラグで，それぞれのビットは URG（緊急データ），

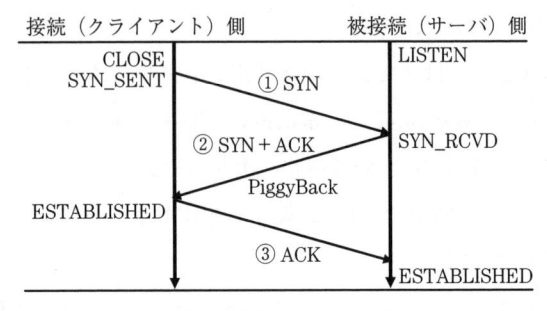

```
        接続（クライアント）側          被接続（サーバ）側
             CLOSE                      LISTEN
             SYN_SENT      ① SYN
                                        SYN_RCVD
                        ② SYN + ACK
                         PiggyBack
             ESTABLISHED
                          ③ ACK
                                        ESTABLISHED
```

図 5.1 3 方向ハンドシェイク

ACK（確認応答），**PSH**（直にアプリケーションへデータを渡すことを要求），**RST**（コネクションのリセット），**SYN**（問い合わせ），**FIN**（コネクションの終了）を表している．

3 方向ハンドシェイクの手順

① 接続側から被接続側に，コードビットの SYN フラグが ON になったセグメントを送信する．(例えば，電話の「もしもし．XX さんのお宅ですか？」に相当)

② 被接続側から接続側に，コードビットの SYN フラグと ACK フラグが ON になったセグメントを返信する．(電話の「はい．どちら様ですか？」に相当)

③ 接続側から被接続側に，SYN セグメントに対する返答である ACK セグメントを送信する．(電話の「はい．私は XX と申します．」に相当)

以上の計 3 回のやり取り（3 方向ハンドシェイク）によりコネクションが確立される．またこれらの通信中に，以降の通信で使用する最大セグメント長（MSS），初期シーケンス番号，初期ウィンドウサイズが決められる．

図 5.1 の **PiggyBack**（ピギーバック）とは，他の通信データ（セグメント）に確認応答（ACK）の信号を相乗りさせて返す手法である．この場合は，問い合わせ（SYN）用のセグメントに，一つ前の SYN に対する確認応答（ACK）を相乗りさせて，一つのセグメントとして送信している．TCP は重いプロト

コルなので，なるべく通信量を減らすためにこのような手法が用いられる。

また図中の CLOSE や LISTEN などの英字は TCP の状態を示している。

5.2.2 TCP におけるコネクションの終了【中級】

コネクションの一般的な終了は以下の手順で行われる（**図 5.2**）。なお，切断リクエストを発信したノード側の処理を**アクティブクローズ**と呼び，リクエストを受信した被切断側の処理を**パッシブクローズ**と呼ぶ。

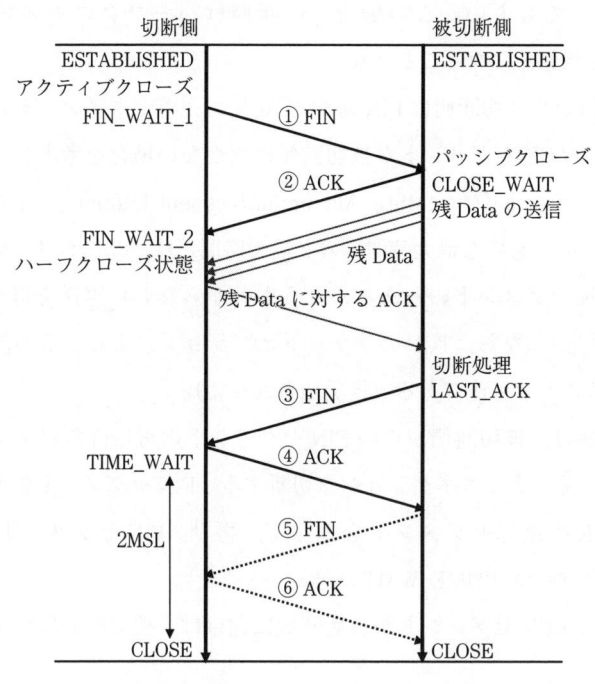

```
切断側                          被切断側
ESTABLISHED                    ESTABLISHED
アクティブクローズ
FIN_WAIT_1    ① FIN →
                                パッシブクローズ
              ← ② ACK           CLOSE_WAIT
                                残 Data の送信
FIN_WAIT_2
ハーフクローズ状態  ← 残 Data
              残 Data に対する ACK →
                                切断処理
              ← ③ FIN           LAST_ACK
TIME_WAIT     ④ ACK →
              ← ⑤ FIN
2MSL          ⑥ ACK →
CLOSE                           CLOSE
```

図 5.2 一般的な TCP コネクションの終了

一般的なコネクションの終了手順

① 切断側から被切断側に，コードビットの FIN フラグが ON になったセグメントを送信する。

② 被切断側から切断側に，FIN セグメントへの返答である，コードビットの ACK フラグが ON になったセグメントを返信する。もしこのとき，被

切断側に未送信のデータが残っていれば,引き続き切断側に残りのデータが送信される。このときの切断側の状態をハーフクローズ状態（FIN_WAIT_2状態）と呼ぶ。ハーフクローズ状態とは,データの送信は終了しているが,受信は可能な状態のことである。

③ 被切断側から切断側に,コードビットのFINフラグがONになったセグメントを送信する。もし②で被切断側に未送信のデータがなければ,PiggyBackにより,②の最初のACKと合わせてFIN＋ACKのセグメントを送信してもよい。この場合,切断側はハーフクローズ状態（FIN_WAIT_2状態）になることはない。

④ 切断側から被切断側にFIN対するACKの返答セグメントを返す。ただし,このACKセグメントが被切断側に届かない場合を考慮し,切断側は最大セグメント寿命（MSL, Maximum Segment Lifetime,セグメントを送信するのに必要な最大時間）の2倍の時間だけ,③における被切断側からのFINセグメントの（あるかどうかわからない）再送を待つ（TIME_WAIT状態）。なお,TCPのソケットオプションにより,この待ち時間を0にすることも可能である（推奨はされない）。

⑤ 切断側は,被切断側からのFINセグメントの再送待ちがタイムアウトすれば,そのままコネクションを切断する。FINセグメントの再送があれば,ACKの返答セグメントを返して,再び,FINセグメントの再送を2MSLだけ待つ（TIME_WAIT状態）。

⑥ 最後のACKセグメントが被切断側に届けば,被切断側はコネクションを切断する。

コネクションの終了において,特別な場合として,通信を行っている両者が（ほぼ）同時にクローズ処理を行う（FINセグメントを送信する）場合がある（同時クローズ,**図5.3**）。

この場合は,たがいにCLOSING状態と呼ばれる状態に移行した後,相手のACKセグメントの受信によりTIME_WAIT状態（相手の再送を2MSLだけ待つ状態）に遷移し,タイムアウトにより通信をクローズする。

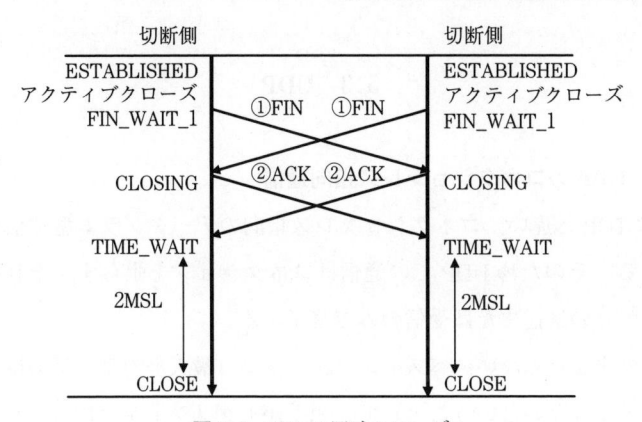

```
        切断側                        切断側
     ESTABLISHED                  ESTABLISHED
     アクティブクローズ  ①FIN  ①FIN  アクティブクローズ
      FIN_WAIT_1    ╲  ╱       FIN_WAIT_1

       CLOSING    ②ACK ②ACK    CLOSING
                    ╲  ╱

      TIME_WAIT                 TIME_WAIT
         │                          │
        2MSL                       2MSL
         │                          │
        CLOSE                      CLOSE
```

図 5.3 TCP の同時クローズ

5.2.3 TCP セグメントの構造【中級】

TCP/IP での TCP セグメントの構造を図 5.4 に示す。

( ) 内は該当データのビット長

送信元ポート番号 (16)				宛先ポート番号 (16)
シーケンス番号 (32)				
確認応答番号 (32)				
ヘッダ長 (4)	予約 (6)		コードビット (6)	ウィンドウサイズ (16)
TCP チェックサム (16)				緊急ポインタ (16)
ヘッダオプション (可変長)				
アプリケーションデータ (可変長)				

- シーケンス番号：転送するデータの順序番号
- 確認応答番号：受信側が次に期待するデータのバイト番号（何バイト目から送ってほしいか指定する）
- ヘッダ長：ヘッダの長さ（4 バイト単位）。ヘッダオプションがない場合は 5（20Byte）
- 予約：将来のための予約領域。通常は 0
- コードビット：セグメントのタイプ（URG, ACK, PSH, RST, SYN, FIN）を示すフラグ
- ウィンドウサイズ：一度に受信可能なウィンドウのサイズ（バイト単位）
- TCP チェックサム：TCP セグメント全体のチェックサム（特殊な計算方法によるチェックサム。CRC ではない）
- 緊急ポインタ：緊急データ（URG）を処理中の場合，緊急データの終わりを表す
- ヘッダオプション：最大セグメント長（MSS）の通知に使用される。長さは最大 40 バイト
- アプリケーションデータ：アプリケーションが使用するデータ

図 5.4 TCP セグメントの構造

5.3 UDP

5.3.1 UDP のコネクションレス指向通信

UDP は TCP と違い，コネクションレス指向のデータグラム型通信のプロトコルである．そのため UDP での通信はコネクションを張らず，それぞれの通信は 1 回限りの送信または受信のみで終了する．

信頼性のまったくない，ベストエフォート型（最大努力型：努力はするが，結果は保証できないということ）で，相手がセグメントを受信したかどうかの確認は一切行われない．UDP の通信はしばしば手紙に例えられ，ポストへの投函以降，手紙の配達状況をまったく知ることができない状況によく似ている．

しかしながら TCP のように一々確認応答を行わないので，単純で動作が軽く，高速に大量のデータを転送することが可能である．その特性のため，データの品質より速度が優先されるような状況で使用される．

例えば音声や動画データの通信では，大量のデータを高速に転送する必要があるが，途中でデータが少しばかり欠落（ロス）しても，相手が人間であれば十分に理解可能であるので高度な信頼性はあまり問題にならない場合が多い．

UDP を使用する代表的なプロトコルとしては，インターネット上の最も重要なシステムである DNS（Domain Name System）やセッション管理用の SIP（Session Initiation Protocol），音声や映像をストリーミング再生するための RTP（Real-time Transport Protocol）などがある（詳細については 6 章「アプリケーション層のプロトコル」を参照せよ）．

5.3.2 UDP セグメントの構造【中級】

TCP/IP での UDP セグメントの構造を図 5.5 に示す．TCP セグメントに比べてかなり単純な構造となっている．

( ) 内は該当データのビット長

送信元ポート番号（16）	宛先ポート番号（16）
UDP データ長（16）	UDP チェックサム（16）
アプリケーションデータ（UDP データ：可変長）	

- UDP データ長：アプリケーションデータのデータ長（バイト単位）
- UDP チェックサム：UDP セグメント全体のチェックサム（特殊な計算方法によるチェックサム。CRC ではない）
- アプリケーションデータ：アプリケーションが使用するデータ

図 5.5 UDP セグメントの構造

5.4 ポート番号

5.4.1 ポート番号によるプロセスの識別

TCP や UDP でプロセス間通信を行う場合，相手のプロセス（接続しようとするプロセス）は**ポート番号**と呼ばれる番号（0 〜 65535：16bit の符号なし整数）で識別される。ポート番号のイメージとしては，ノード内のプロセスはそれぞれポートと呼ばれる通信データ用の入出力口につながっており，そのポートを介して通信が行われるような状況を思い浮かべればよい（**図 5.6**）。この場合，それぞれのポートには識別用の番号が割り振られており，それがポート番号である。

また，TCP と UDP では別々のポートが使用されるため，同じ番号のポートを TCP と UDP で同時に使用することも可能である。

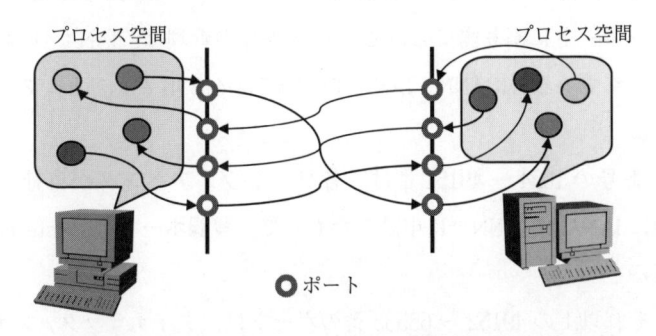

図 5.6 ポートを介したプロセス間通信のイメージ

なお、ここでのポートは論理的な通信データの入出力口であり、スイッチングハブなどの物理的な通信ポートとはまったく別物である。

あるノード内の任意のプロセスはIPアドレスとポート番号がわかれば、ネットワーク上で一意的に識別することが可能となる。特定のプロセスを指定するのにIPアドレスとポート番号を：（コロン）でつなげて、「IPアドレス：ポート番号」の形で指定する場合もある。例えば、IPアドレス202.26.158.1のノード上で80番のポート番号を持つプロセスは

　　　202.26.158.1：80

と表される。

なお、特定のプロセスとの通信はそのプロセス専用の通信プロトコルを使用して行われるので、プロセスとプロトコルを同一視して、ポート番号をプロトコルを表す番号として用いる場合も多い。

5.4.2　ポート番号の割り当て

ポート番号と実際のプロセスとの対応付けはノード管理者の責任であるが、勝手に対応付けを行うと他のマシンから接続できない状況が発生するので、特別な場合を除いては標準的な番号が割り振られる。

特にポート番号が1023番以下のポートは**ウェルノンポート**（well known port）と呼ばれ、代表的なサーバプロセスがそれらのポートを使用することになっている（例えばWebサーバは80番、メールサーバは25番など）。なお、ウェルノンポートに割り当てられるポート番号の管理は、IANA（ICANN）によって行われている（ICANN、IANAについては4.2項「IPアドレス」の脚注を参照せよ）。

ポート番号の1024～49151番は、各ソフトウェアベンダが自社のソフトウェア用にIANA（ICANN）に申請したもので、**登録ポート**（registered port）と呼ばれる。

また、それ以上の49152～65535番のポートは、ダイナミック/プライベートポートと呼ばれている。**ダイナミックポートはエフェメラルポート**

(ephemeral port：短命ポート) とも呼ばれ，システムが使用するポートであり，クライアント側で特にポート番号を明示的に指定しないでポートをオープンした場合などに，この範囲のポート番号が自動的に割り振られる（次項参照）。また**プライベートポート**のポート番号は，一般のユーザが自由に使用してもよいポート番号である。

http://www.iana.org/assignments/port-numbers には IANA（ICANN）が管理するウェルノンポートおよび登録ポートの一覧が記載されている。また，Linux や Unix では，/etc/services というファイルにも，おもなプロセスとそのポート番号の対応が記述されている。

表5.1 に代表的なプロセス（プロトコル）とその標準的なポート番号を示す。

表5.1 代表的なプロセス（プロトコル）のポート番号

ポート番号	プロトコル	説明
20	FTP-data	ファイル転送用プロセスでのデータの送受信
21	FTP	ファイル転送用プロセスのコントロール
22	SSH	暗号化されたリモートシステムへの接続
23	TELNET	リモートシステムへの接続
25	SMTP	メールサーバ
53	DNS	ドメインネームシステム
80	HTTP	WWW サーバ
110	POP3	メールの受信
443	HTTPS	暗号化された WWW サーバ

5.4.3 クライアント・サーバ（C/S）モデルでのポート番号

サーバプロセスはネットワーク上でサービスを提供するプログラムであり，クライアントプロセスは，サーバプロセスからのサービスを利用するプログラムである。一般にこの通信形態をクライアント・サーバ（C/S）モデルと呼ぶ。

ネットワーク上のサーバプロセスは，その起動時に，明示的に指定された番号を持ったポートを開いて，クライアントプロセスからの接続を待ち受ける（例えば Web サーバならば 80 番）。したがって，クライアントプロセスがサー

バプロセスに接続するためには、サーバノードのIPアドレスとプロセスのポート番号があらかじめ必要となる。

クライアントプロセスがIPアドレスとポート番号を使用してサーバプロセスに接続した場合，クライアントプロセスがオープンしたポートには，通常ではシステムにより自動的にポート（ダイナミックポート／エフェメラルポート）番号が割り振られる（プログラミングの段階で明示的に番号を指定することもできる）。サーバプロセス側では，クライアントプロセスからの最初の接続時に，その通信データからクライアントプロセスのIPアドレスとポート番号を知ることができるので（**図5.7**），これらを利用してクライアントプロセスに返答を返す。

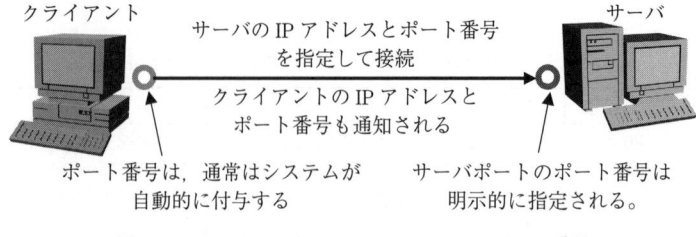

図5.7　クライアント・サーバモデルでのポート番号

結局のところ，クライアント・サーバモデルでの通信において，クライアントプロセス側では，通常は自身のIPアドレスとポート番号についはまったく気にする必要はないことになる。

5.5　ポートスキャン

5.5.1　ポートスキャナ

サーバマシンで稼動しているサーバプロセス（ポート）のチェックを行う行為を**ポートスキャン**と呼び，ポートスキャンを行うプログラムをポートスキャナと呼ぶ。

ポートスキャナは，通常ではサーバマシンを攻撃する場合に，事前に標的マ

シンの情報収集を行うために実行される（自分の管理するサーバマシンのセキュリティホールを検査するために用いられる場合もある）。ポートスキャナは，サーバに接続ログ（記録）を残さないようにしたり，ちょっとした反応からサーバプロセスのバージョンを割り出すなど，非常に巧妙な手法でサーバマシンの情報を収集する。

したがって，サーバ上では不要なサーバプロセスは必ず停止するようにしないと，クラッカー（攻撃者）に有益な情報を与えてしまうことになる。

5.5.2 telnet コマンドによる手動 TCP ポートスキャン【中級】

telnet コマンドを利用すると，TCP のポートに直接接続することが可能となる。TCP ポートに接続して，サーバプロセスに対してコマンドを入力することも可能だが，単に指定した TCP ポートでサーバプロセスが作動しているかどうかの確認としても使用できる。

例えば，サーバ名 www.tuis.ac.jp，ポート番号 80 番（WWW サーバ）に接続する場合は

　　　telnet　www.tuis.ac.jp　80

とする。

接続に失敗した場合は，接続失敗のエラーメッセージが表示される。接続に失敗したということは，指定したポートでサーバプロセスが稼動していないということになる。

一方，接続に成功した場合は何も表示されないか，またはエラーメッセージ以外のメッセージが表示される（メッセージの内容はサーバプロセスの種類による）。接続に成功した場合は，指定したポートでサーバプロセスが稼動していることになる。

接続に成功した場合は，その後，クライアントからのキー入力（リクエスト）待ちとなる場合が多い。大抵の場合は，この状態で何か入力すると，コマンドエラーで telnet コマンドから抜けるが，どうしても telnet コマンドから出られない場合は，Ctrl＋］とキー入力し，telnet＞ のプロンプト（入力要求）

が表示されたら，quit と入力すれば telnet から抜けることができる．

例）telnet> quit

【MS Windows】

MS Windows では，コマンドプロンプトから telnet コマンドを入力する．ただし，MS Widows の Vista/7 では標準で telnet コマンドを使用することができない．Vista/7 で telnet コマンドを使用できるようにするには，コントロールパネルから「プログラム」を選択し，さらに「プログラムと機能」を選択する．コントロールパネルをクラシック表示にしている場合は，コントロールパネルから直接「プログラムと機能」のアイコンをクリックする．

「プログラムと機能」が起動したら，タスクの「Windows 機能の有効化または無効化」をクリックし，次に表示された画面で「Telnet クライアント」にチェックを入れ，OK をクリックする．

図 5.8 に MS Windows の telnet で接続に失敗した例を示す．接続に成功した場合は，接続エラー以外の何らかの反応が返る（反応の内容はサーバプロセスによって異なる）．

```
C:¥Users¥guest> telnet 192.168.27.7 30
接続中：192.168.27.7...ホストへ接続できませんでした．ポート番号 30：接続に失敗しました
```

図 5.8　MS Windows で telnet が接続に失敗した場合

【Linux/Unix】

Linux/Unix の場合はそのままコンソールから telnet コマンドを起動することができる．

```
$ telnet 192.168.27.7 30
Trying 192.168.27.7...
telnet: connect to address 192.168.27.7: Connection refused
telnet: Unable to connect to remote host: Connection refused
```

図 5.9　Linux で telnet が接続に失敗した場合

図 5.9 に Linux での接続失敗の例を示す．接続に成功した場合は，接続エラー以外の何らかの反応が返る．

5.6 NAPT

4.2.3 項「IP アドレスの分類」でプライベート IP アドレスの説明を行った．プライベート IP アドレスは直接インターネットにアクセスすることが許されない IP アドレスである．プライベート IP アドレスの使用は，本来は IPv4 下での IP アドレスの枯渇問題に原因がある．IPv4 ではすでに IP アドレスが不足しつつあり，一般家庭などに複数のグローバル IP アドレスを配布する余裕はない．

そこで一般家庭などで複数の PC（ノード）をインターネットに接続する場合，各 PC にはプライベート IP アドレスを設定し，**BB（ブロードバンド）ルータ**には ISP より配布されたグローバル IP アドレスを設定する（グローバル IP アドレスの配布は自動的に行われる場合が多い）．通常，BB ルータにはプライベート IP アドレスを自己のグローバル IP アドレスに変換する機能が搭載されており，各 PC はこの機能を利用してインターネットにアクセスするこ

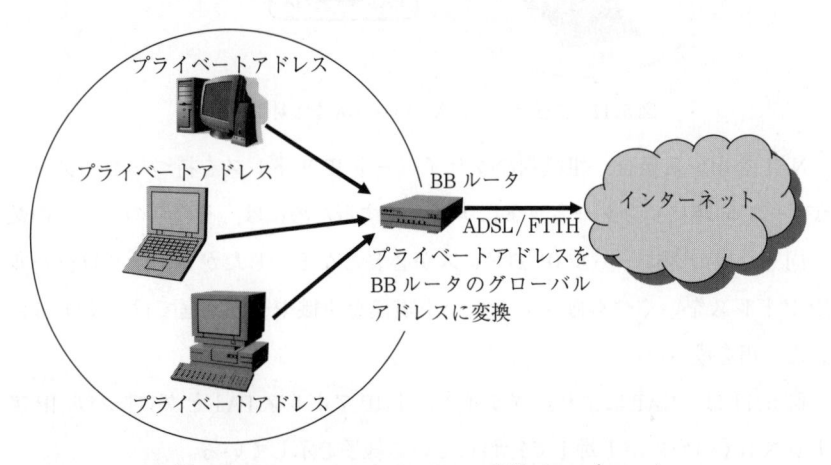

図 5.10　BB ルータによるアドレス変換（NAT/NAPT）

とになる。

この BB ルータの，プライベート IP アドレスを自己のグローバル IP アドレスに変換する機能は，一般には **NAT**（ナット，Network Address Translation），正確には **NAPT**（ナプト，Network Address Port Translation）と呼ばれる（図 5.10）。

5.6.1　NAT と NAPT

プライベート IP アドレスとグローバル IP アドレスの変換を行う機能を NAT と呼ぶ。しかしながら，本来の意味での NAT ではプライベート IP アドレスとグローバル IP アドレスを 1 対 1 で変換するため，一つのグローバル IP アドレスを同時に使用できるのは 1 台のノードのみである（図 5.11）。

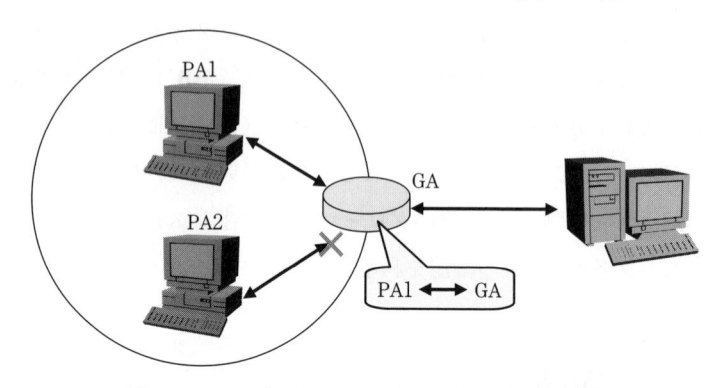

図 5.11　NAT（アドレス PA1 と GA を 1 対 1 に変換）

NAT を用いる場合，組織内のプライベート IP アドレスを持つ複数のノードがすべて同時にインターネットにアクセスするためには，それらのノードの数と同じだけのグローバル IP アドレスが必要となる。したがって，グローバル IP アドレスをいくつも確保できない小規模な組織や一般家庭では，NAT はほとんど用を成さない。

図 5.11 は，NAT により，プライベート IP アドレス PA1 とグローバル IP アドレス GA の変換が 1 対 1 で行われている様子を示している。

一方，NAT の機能に加えてポート番号の変換も行う機能を NAPT と呼ぶ。

NAPTでは組織内のノードが使用するポート番号も変換するため，インターネットに接続するためのグローバルIPアドレスは1個あれば十分である。

図5.12は，NAPTにより，プライベートIPアドレスPA1：ポート番号PNとグローバルIPアドレスGA：ポート番号PN1の変換が，またプライベートIPアドレスPA2：ポート番号PNとグローバルIPアドレスGA：ポート番号PN2の変換が，それぞれ1対1で行われている図である。

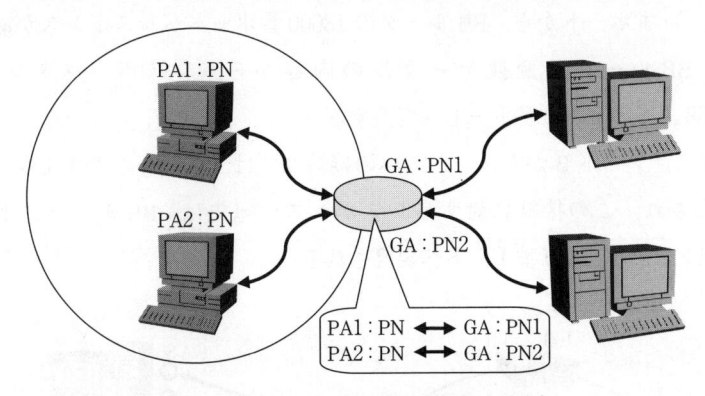

図5.12 NAPT（ポート番号の変換も行う）

以上からわかるようにNATはネットワーク層の機能であり，一方NAPTはトランスポート層の機能である。したがって本来両者はまったく違う機能を指す。しかしながら，現在ではこの区別は曖昧であり，NATという用語は実はNAPTを指している場合が多い（BBルータの機能も正確にはNAPTである）。また，NAPTは**eNAT**（拡張NAT）や**IPマスカレード**（Linux/UnixでのNAPTの実装）などと呼ばれる場合もある。

NAPTはさらにその機能により，Full Cone, Restricted Cone, Port Restricted Cone, Symmetricの4種類に分類される。ただし，この項でのNAPTの説明はPort Restricted Cone型を想定したものである。他の種類の機能については別の参考書を参照されたい。

5.6.2 NAPTによるアドレス・ポート番号変換【中級】

NAPT機能を持つBBルータでは，内部領域からインターネットへの接続が行われた場合，IPアドレスとポート番号の変換テーブルが自動的に生成される。

例えば，図5.13のノードAからノードXへの接続①では，表5.2の①のような変換情報が自動的に生成される。この接続（リクエスト）に対して，ノードXの80番ポートから，BBルータの13600番ポートへレスポンスがあった場合，BBルータは変換テーブルの内容から，レスポンスの宛先を192.168.1.1の27980番ポートへ変換する。

同様に，ノードBからノードZへの接続②では，表の②のような変換情報が生成され，この接続に対するレスポンスの宛先は，BBルータによって192.168.1.2の11800番ポートへ変換される。

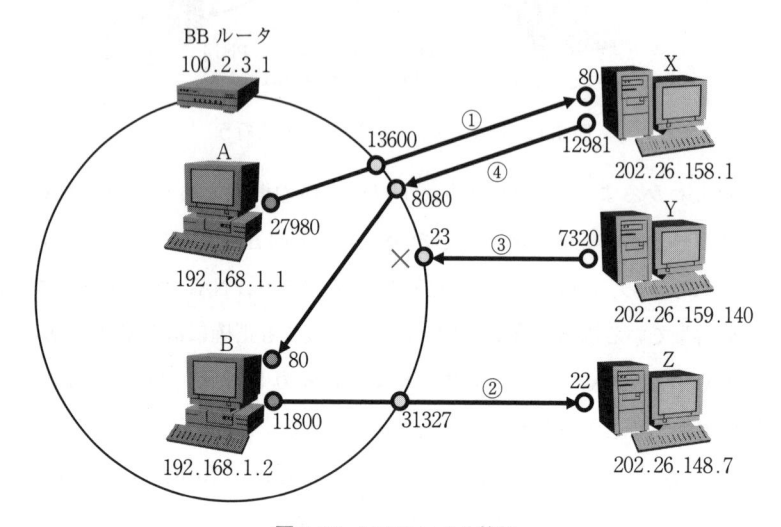

図5.13 NAPTによる接続

表5.2 アドレス変換テーブル（Port Restricted Cone 型）

	内部アドレス	BBルータ	外部アドレス	
①	192.168.1.1:27980	100.2.3.1:13600	202.26.158.1:80	自動作成
②	192.168.1.2:11800	100.2.3.1:31327	202.26.148.7:22	自動作成
④	192.168.1.2:80	100.2.3.1:8080	*:*	ポートフォワード

一方，内部からのリクエストに対するレスポンスではなく，いきなり外部のノードから内部へリクエストがあった場合，変換テーブル内にはこの通信に対応する変換規則が存在しないため，このリクエストは BB ルータによって遮断される（例えば図 5.13 の③）．

このように BB ルータの NAPT 機能は，**アドレス変換テーブル**に変換用の情報がない場合には外部からの通信を遮断するため，簡易的なファイアウォールとしても働く．

もし，BB ルータ内のノード（PC）をサーバとして外部に公開したいならば（図 5.13 の④），手動で表 5.2 の④のような変換情報を BB ルータのアドレス変換テーブルへ登録する必要がある．

このように登録した場合，外部のノードから BB ルータの 8080 番ポートへのアクセスはすべてノード B の 80 番ポートへ転送され，外部からは BB ルータの 8080 番ポートでサーバプロセスが動作しているように見える．このような機能を BB ルータの**ポートフォワード機能**と呼ぶ．

TCP 通信の場合はノード間にコネクションが張られるため，アドレス変換テーブルで自動生成された情報は，コネクションが切断された時点で消去すればよい．しかし，UDP 通信の場合はコネクションが存在しないため，アドレス変換テーブルの内容を一定時間保持するようにしないと外部ノードからの UDP レスポンスを受信できなくなる．

5.6.3　NAT（NAPT）越えの問題【中級】

NAPT は非常に便利な機能であるが，一部のプロトコルでは NAPT を使用すると正常に動作しなくなるものも存在する．これは，NAPT が TCP/IP パケットおよびセグメントのヘッダ内の IP アドレスとポート番号を書き換える機能であるのに対して，アプリケーションデータ（ペイロード）の中で IP アドレスとポート番号の情報を運ぶプロトコルが存在するためである．

NAPT では，アプリケーションデータ内の IP アドレスやポート番号の情報まで書き換えることは不可能であるため，そのようなプロトコルでは TCP/IP

のヘッダ情報とアプリケーションデータ内の情報に矛盾が生じ，正常に動作しなくなる．このように一部のプロトコルがNAPTの壁を越えられない問題を「NAT（NAPT）越えの問題」と呼ぶ．

NAPTを利用できない（利用すると問題の発生する）プロトコルとして代表的なものに **SIP**（Session Initiation Protocol）がある．SIPではセッションを開始する相手や自分の情報などを，アプリケーションデータとして通信相手のノードへ送信する（直接通信している相手がセッションを開始する相手であるとは限らない）．

もし片側のSIP端末がプライベートアドレスの空間内（NAPT内）にあるなら，セッション相手のSIP端末には，自分のアドレスとしてプライベートIPアドレスを通知してしまう．セッション相手がプライベートアドレス空間の外側に存在しているならば，そのSIP端末がプライベートIPアドレスを持つ他方のSIP端末にセッションを張ることは到底不可能である（**図5.14**）．

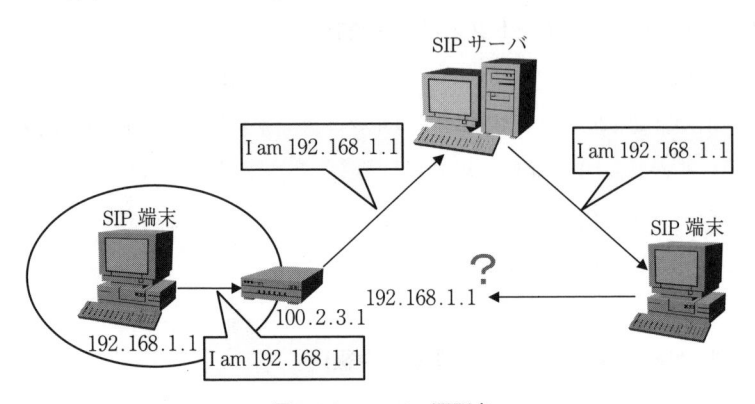

図5.14 SIPでの問題点

この問題を解決するためには，SIPのアプリケーションデータも矛盾のないように書き換える必要がある．アプリケーションデータのレベル（アプリケーション層）でデータの書き換えを行う中継器を一般的にはアプリケーションレベルゲートウェイ（ALG）と呼ぶ．アプリケーションデータ（ペイロード）の書き換えでは，NAPTの外側にNAPTによって変換された後のIPアドレスと

ポート番号の情報を提供する **STUN サーバ**と呼ばれるものを用意し，利用する場合もある．

またプロトコルによっては，内部からの接続に対するレスポンスとしてではなく，直接的な接続として外部から通信が開始される場合がある．先に述べたように，通常ではこのような通信はアドレス変換テーブルに情報がないため，BB ルータによって遮断される．

しかしながら，**UPnP**（Universal Plug and Play）と呼ばれる機能を使用すると，内部のプロセスが，受信に使用するポートをオープン（ポートフォワーディング）するように，BB ルータに対してアドレス変換テーブルの作成を要請することが可能になる．ただし，PC に感染したコンピュータウィルスが，勝手にこの UPnP 機能を使用して BB ルータのポートを開け，外側からの直接接続を許可させてしまう場合もある．

外側からの UDP パケットの着信については，予想する発信相手（IP アドレスとポート）に対して，（届く必要のない）UDP パケットをあらかじめ内側から送信してポートを開けておく **UDP ホールパンチング**と呼ばれる手法も存在する（図 5.15）．

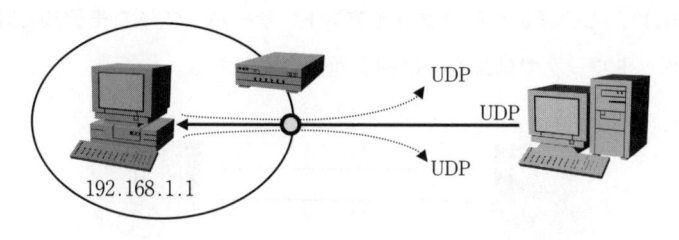

図 5.15 UDP ホールパンチング

以上のように，「NAT（NAPT）越えの問題」にはいくつか対処方法が存在するが，現在のところどれも対症療法的であり，普遍的な対処法は存在しない．ただし，IPv6 ではすべてのノードへグローバルな IP アドレスを配布することが可能となるので，IPv4 が IPv6 に完全に移行した暁にはこのような問題はなくなるだろうといわれている．

6章 アプリケーション層の プロトコル

6.1 サーバプロセス

6.1.1 クライアント・サーバ（C/S）モデル

サーバプロセス（サーバ）はネットワーク上でいろいろなサービスを提供するプロセスであり，クライアントプロセス（クライアント）はそのサービスを利用するプロセスである。クライアントがサーバのサービスを利用する場合は，サーバに対してリクエストを送り，そのレスポンスとしてサービスを受ける（**図6.1**）。この通信形態は**クライアント・サーバ（C/S）モデル**と呼ばれ，現在のネットワークでは最も一般的な通信形態である。

図6.1 クライアント・サーバモデル

一方最近では，たがいに対等の関係で通信を行い，サービスを提供し合うpeer to peer（P2P）モデルの通信形態を採るサービスも存在する。P2P型のサービスは技術的には興味深いものがあるが，今日の実際のサービスでは不正なファイル交換型のものが多く，一般的な使用に関してはまだそれほど普及はしていない。

なお，この章ではクライアント・サーバ（C/S）モデルのアプリケーションについてのみ解説を行う。P2P モデルおよびそのアプリケーションについては，8.1 節「P2P ネットワーク」を参照すること。

6.1.2 デ ー モ ン

Linux や Unix において，OS の中核（カーネル）とは独立して作動し，リクエストに対してさまざまなサービスを提供するプロセスを**デーモン**（daemon）と呼ぶ。daemon は精霊や小鬼を意味し，悪魔を意味する demon とは綴りが違うので注意すること。

デーモンはほとんどの場合，サーバプロセスとして動作する。なお，MS Windows では，デーモンと同等の働きをするプロセスをサービスと呼ぶ。

6.2 DNS

DNS（Domain Name System）はインターネット上のリソースの名前とその実態の対応付けを行うサービスである。サービスの具体的な例として最も代表的なものは，ドメイン名（正確には FQDN）と IP アドレスとの対応付けである（簡単にいえば，ドメイン名を IP アドレスに変換する）。それゆえ，DNS サーバは**ネームサーバ**とも呼ばれる。

また **DNS サーバ**に問い合わせを行うクライアントは**リゾルバ**と呼ばれる。クライアントアプリケーションが FQDN の名前解決を行う（IP アドレスに変換する）場合は，リゾルバを利用して DNS サーバに問い合わせを行う（図 6.2）。

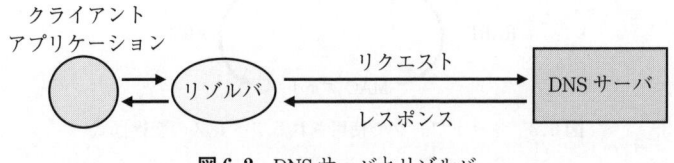

図 6.2　DNS サーバとリゾルバ

126   6. アプリケーション層のプロトコル

通常 DNS では UDP の 53 番ポートが使用されるが，返答データ長が 512Byte を超える場合には，TCP が使われることもある．DNS サーバの実装としては bind と呼ばれるソフトウェアが最も有名である．

6.2.1 FQDN

一般的に使用されるドメイン名という言葉は非常に曖昧である．例えば，Web の URL である http://www.tuis.ac.jp/ の www.tuis.ac.jp もドメイン名であり，メールアドレスの anyone@tuis.ac.jp の tuis.ac.jp もドメイン名と呼ばれている．しかしながらこの両者はまったく別のもので，www.tuis.ac.jp のほうはネットワーク上に存在するノードの名前を表している．

このように，ノード名を表すドメイン名を他の種類のドメイン名と区別して **FQDN**（Fully Qualified Domain Name，**完全修飾ドメイン名**）と呼ぶ．

ネットワーク上で通信を行う場合，ソフトウェアは IP アドレスを使用する．しかし人間にとっては，一々ノードごとの IP アドレスを覚えるのは大変であり，覚えやすい FQDN を使用するほうが簡単である．とはいえ，結局通信を行うのはソフトウェアなので，どこかで FQDN を IP アドレスに変換（またはその逆変換）しなければならない．この変換を行うのが DNS サーバ（ネームサーバ）である．

FQDN，IP アドレスおよび MAC アドレス間のアドレス変換の様子を図 6.3 に示す．

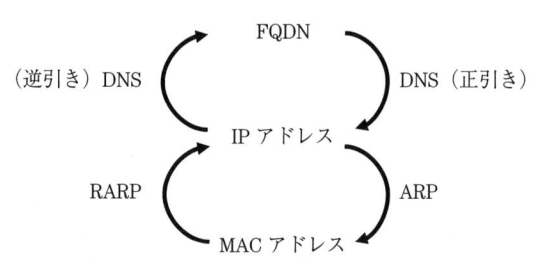

```
           FQDN
         ↗     ↘
（逆引き）DNS    DNS（正引き）
         ↖     ↙
          IP アドレス
         ↗     ↘
       RARP    ARP
         ↖     ↙
         MAC アドレス
```

図 6.3 ネットワークで使用されるアドレスの変換図式

6.2.2 FQDN の形式

FQDN は一般的には図 6.4 のような形式を採る．

```
jupiter.rsch.tuis.ac.jp.
```

図 6.4　FQDN の形式

FQDN は階層構造になっており，一番右の．(ドット) は (ほとんどの場合は省略されるが) 世界のトップ (Root Domain) を表している．また，右端の．に続く jp は TLD (Top Level Domain) と呼ばれている．

TLD は com や org，net などの IANA (ICANN) が管理を行う gTLD (generic Top Level Domain) と jp，uk，kr，us などの 2 文字で表され国や地域ごとに管理を行う ccTLD (country code Top Level Domain)，インターネット発祥の地である米国で使用される特殊ドメイン (gov，edu，mil，arpa，…) などに分類される．

図 6.4 で jp に続く ac は SLD (Second Level Domain) と呼ばれている．SLD は一般的には組織の種類や名称・所在を表す．

ちなみに FQDN の記述では大文字小文字は関係なく (ケースインセンシティブ)，大文字で書いても小文字で書いても，大文字小文字を混ぜて書いてもまったく問題はない．

IP アドレスをドメイン名のように記述することも可能である．FQDN は右側に行くに従って，SLD，TLD，Root Domain とアドレスの示す範囲が広がるが，逆に IP アドレスは右側に行くに従ってアドレスの示す範囲が縮小する．そこで，IP アドレスを FQDN のように記述する場合には，IP アドレスを逆順に書き，最後に .in-addr.arpa. を付加する．

例えば，IP アドレスが 202.26.159.139 のドメイン名表記は

　　　139.159.26.202.in-addr.arpa.

となる (最後のドットは省略可能)．この表記は DNS を利用して IP アドレスから FQDN へ変換 (IP アドレスの逆引き) を行う場合などに使用される．

6.2.3 DNS の階層構造

DNS はインターネットにおいて最も重要なサービスであり，インターネットに接続する場合には，必ず使用する DNS サーバの指定を行わなければならない（DHCP により自動的に行われる場合もある）。

DNS は FQDN（ドメイン名）と同様に階層的に管理されている。世界のトップであるルートドメインを管理する**ルートドメインサーバ**（ルートサーバ）は世界中に A ～ M の 13 台しかなく（ただし多数の予備機が世界中に分散している），欧米以外では唯一日本が M のルートドメインサーバを管理している。各ルートドメインサーバは一階層下の TLD の管理のみを行っており，問い合わせに対して各 TLD を管理する DNS サーバの IP アドレスを返す。

各 TLD は自らが管理する SLD の情報のみを保持し，問い合わせに対して各 SLD を管理する DNS サーバの IP アドレスを返す。このように，各階層の管理を行う DNS サーバは自分が管理する一階層下の情報のみを提供する（非再帰モード）。

FQDN を IP アドレスに変換（正引き）するために，DNS を検索する場合の動作例を**図 6.5** に示す。この図では，Web ブラウザが WWW.TUIS.AC.JP の Web ページを参照できるようにするために，組織内の DNS サーバがその名前解決（IP アドレスへの変換）を行っている様子を示している。詳しい動作内容は以下の通りである。

① 自組織内の DNS サーバに WWW.TUIS.AC.JP. の IP アドレスを問い合わせる

② ルートドメインサーバに問い合わせを行う

③ JP. を管理する DNS サーバの IP アドレスが返信される

④ JP. を管理する DNS サーバに問い合わせを行う

⑤ AC.JP. を管理する DNS サーバの IP アドレスが返信される

⑥ AC.JP. を管理する DNS サーバに問い合わせを行う

⑦ TUIS.AC.JP. を管理する DNS サーバの IP アドレスが返信される

⑧ TUIS.AC.JP. を管理する DNS サーバに問い合わせを行う

6.2 DNS

[図: DNSサーバによる検索のネットワーク構成]

- TUIS.AC.JP.
  東京情報大学の DNS サーバ
- WWW.TUIS.AC.JP.
  Web サーバ
- 東京情報大学
- AC.JP.
  日本の大学(学校)の DNS サーバ
  tokyo-u.ac.jp., chiba-u.ac.jp., tuis.ac.jp. などを管理
- JP.
  日本のトップの DNS サーバ
  ac.jp., co.jp., ne.jp. などを管理
- ルートドメインサーバ
  com., net., jp., uk., cn. などを管理
- Web ブラウザ
- 組織内の DNS サーバ

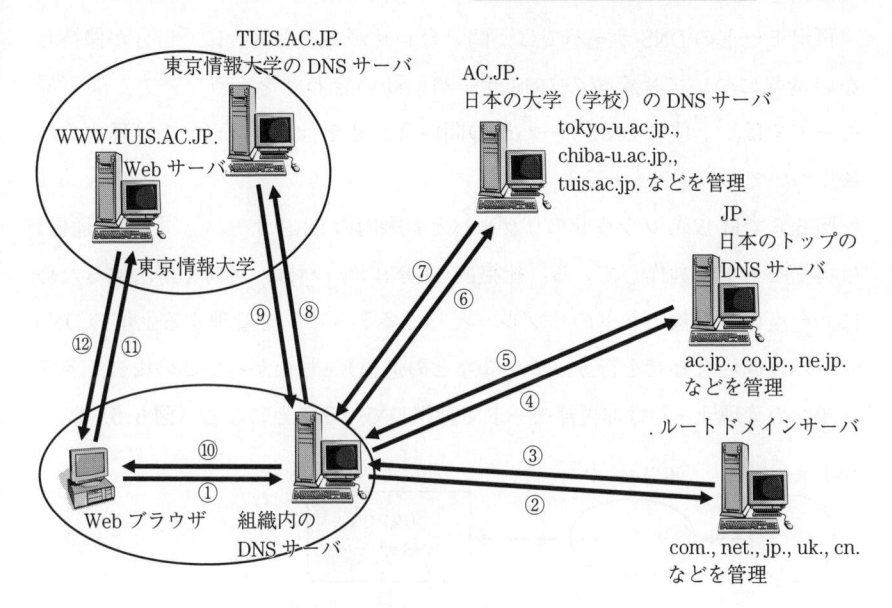

図 6.5 DNS サーバによる検索

⑨ WWW.TUIS.AC.JP. の IP アドレスが返信される
⑩ WWW.TUIS.AC.JP. の IP アドレスが返信される
⑪ WWW.TUIS.AC.JP. へリクエストを送る
⑫ WWW.TUIS.AC.JP. からレスポンス(HTML)が返る

なお,図ではわかりやすいように JP. を管理するサーバと AC.JP. を管理するサーバは別に記載しているが,実際には同じサーバのようである。また,DNS では通信量を抑えるために,一度問い合わせた結果は 24 時間ほどキャッシュされるのが普通であるが,図 6.5 ではキャッシュがまったく行われていない状態を想定している。

6.2.4 再帰モードと非再帰モード【中級】

リゾルバと DNS サーバの動作モードには再帰モードと非再帰モードがあり,通信を行っているリゾルバと DNS サーバは同じモードで動作していなければならない。

130　6. アプリケーション層のプロトコル

再帰モードの DNS サーバでは，問い合わせがあった場合に，自分が保持しない情報については上位の DNS サーバに問い合わせを行う。一方，非再帰モードでは，上位の DNS サーバへの問い合わせを行わず，自分の管理する情報についてのみ返答を行う。

図 6.5 では Web ブラウザのリゾルバと組織内の DNS サーバ（①，⑩の通信）は再帰モードで動作している。組織内の DNS サーバは，名前を解決するために，今度は非再帰モードのリゾルバとして各ドメインを管理する上位の DNS サーバに問い合わせを行う（②，③などの通信）。したがってこの場合，各ドメインの管理サーバは非再帰モードで動作していることになる（**図 6.6**）。

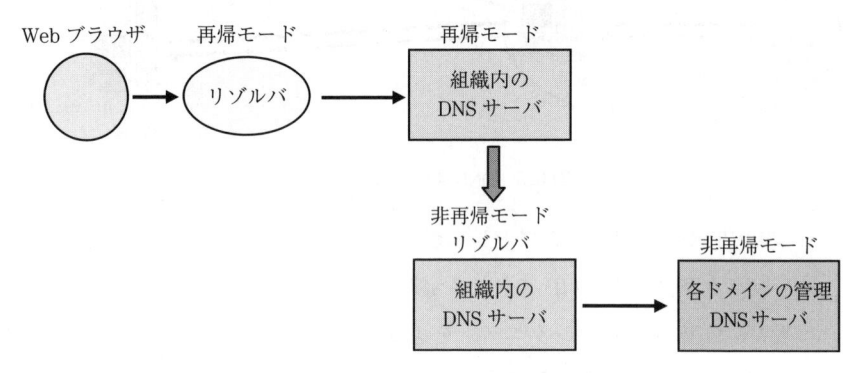

図 6.6　再帰モードと非再帰モード

6.2.5　DNS レコード【中級】

DNS では**レコード**と呼ばれる単位で情報が管理される。例えば，A レコードは FQDN から IP アドレスを検索（正引き）するための情報であり，PTR レコードは IP アドレスから FQDN を検索（逆引き）するための情報である。

その他にも，ドメイン名からその管理 DNS サーバの名前を検索するための NS レコード，メールのドメイン名からそのメールを受信するメールサーバを検索するための MX レコード，ノードの別名から FQDN を検索するための CNAME レコードなどがある。

6.2.6 nslookup コマンド【中級】

nslookup コマンドは，DNS サーバへの問い合わせを行うコマンドである。対話モードを持つ非常に使いやすいコマンドで，MS Windows でも使用可能である。また，nslookup は DNS サーバから得た情報を，ユーザにわかりやすい形式に変換して表示を行う。

その一方で，nslookup は DNS サーバからの情報をどのように加工しているのかユーザからは不透明な部分もあり，信頼性に欠ける面もある。また，非再帰モードのサーバへの問い合わせでは問題が生じることが知られている。それゆえ，nslookup 自身が（起動時に），将来的にはリリースされなくなる恐れがあることを警告し，代わりに dig や host コマンドを使用することを推奨している。

しかしながら，nslookup コマンドは初心者にとっては非常に使いやすいコマンドであるので，dig コマンドの紹介の前に簡単に解説を行っておく。

nslookup コマンドの対話モードは，MS Windows ではコマンドプロンプトから，Linux/Unix ではコンソールから nslookup と入力することにより起動する。

nslookup の対話モードでは，server コマンドで DNS サーバの指定や，set type コマンドで検索タイプとして DNS のレコード名を指定することが可能である（デフォルトは A レコード）。ただし，検索対象として IP アドレスを入力した場合は，自動的に逆引きモードになり PTR レコードの検索が行われる。

nslookup の対話モードを終了するには，Ctrl+C でブレイクさせるか，exit コマンドを入力する。

図 6.7 に Linux での nslookup の対話モードの実行例を示す（MS Windows でもほとんど同じである）。

6. アプリケーション層のプロトコル

```
$ nslookup
> server 202.26.157.10            DNS サーバの指定
Default server：202.26.157.10
Address：202.26.157.10#53
> www.tuis.ac.jp                  www.tuis.ac.jp のIP アドレスを検索（A レコード）
Server：202.26.157.10
Address：202.26.157.10#53

www.tuis.ac.jp canonical name = webhost.tuis.ac.jp.
Name：webhost.tuis.ac.jp
Address：202.26.157.15
> set type=NS                     NS レコードの検索モードへ移行
> .                               ルートドメインサーバを検索
Server：          202.26.157.10
Address：         202.26.157.10#53
Non-authoritative answer：
.       nameserver = J.ROOT-SERVERS.NET.
.       nameserver = K.ROOT-SERVERS.NET.
.       nameserver = L.ROOT-SERVERS.NET.
.       nameserver = M.ROOT-SERVERS.NET.
.       nameserver = A.ROOT-SERVERS.NET.
.       nameserver = B.ROOT-SERVERS.NET.
.       nameserver = C.ROOT-SERVERS.NET.
.       nameserver = D.ROOT-SERVERS.NET.
.       nameserver = E.ROOT-SERVERS.NET.
.       nameserver = F.ROOT-SERVERS.NET.
.       nameserver = G.ROOT-SERVERS.NET.
.       nameserver = H.ROOT-SERVERS.NET.
.       nameserver = I.ROOT-SERVERS.NET.
Authoritative answers can be found from：
B.ROOT-SERVERS.NET       internet address = 192.228.79.201
C.ROOT-SERVERS.NET       internet address = 192.33.4.12
D.ROOT-SERVERS.NET       internet address = 128.8.10.90
E.ROOT-SERVERS.NET       internet address = 192.203.230.10
G.ROOT-SERVERS.NET       internet address = 192.112.36.4
H.ROOT-SERVERS.NET       internet address = 128.63.2.53
H.ROOT-SERVERS.NET       has AAAA address 2001：500：1：：803f：235
I.ROOT-SERVERS.NET       internet address = 192.36.148.17
L.ROOT-SERVERS.NET       internet address = 199.7.83.42
M.ROOT-SERVERS.NET       internet address = 202.12.27.33
> 202.26.159.139                  IP アドレスを検索。自動的にPTR レコードを検索
Server：          202.26.157.10
Address：         202.26.157.10#53
139.159.26.202.in-addr.arpa   canonical name = 139.128/28.159.26.202.in-addr.arpa.
139.128/28.159.26.202.in-addr.arpa    name = pleiades.solar-system.tuis.ac.jp.
> set type=MX                     MX レコードを検索するモードへ移行
> edu.tuis.ac.jp                  @edu.tuis.ac.jp のメールサーバを検索
Server：          202.26.157.10
Address：         202.26.157.10#53
edu.tuis.ac.jp      mail exchanger = 10 mercury.edu.tuis.ac.jp.
> exit                            対話モードを終了
```

図 6.7　Linux での nslookup の対話モードの実行例

6.2.7 dig コマンド【中級】

dig (Domain Information Groper) は nslookup コマンドに代わるコマンドである。nslookup コマンドが DNS サーバからの情報を加工して表示するのに比べ，dig コマンドはサーバへの問い合わせ（QUESTION SECTION）やサーバからの返答（ANSWER SECTION）などの情報をそのままの形式で表示する。

dig は出力する情報は正確だが，DNS サーバに詳しいユーザでないと情報の意味を完全に理解することは難しいなどの欠点も持つ。また MS Windows では標準の状態では dig はインストールされていない。

dig コマンドの基本的な書式は

    dig　［@DNS サーバの IP］　リソース名　検索レコード

    ［　］内は省略可

である。@ オプションが省略された場合は，Linux/Unix では /etc/resolv.conf の中に記述された DNS サーバへ問い合わせが行われる。

図 6.8 から図 6.11 に Linux での dig コマンドの実行例を示す。

```
$ dig @202.26.157.10 www.nsl.ac.jp A
............
;; QUESTION SECTION:
;www.nsl.tuis.ac.jp.                    IN     A
;; ANSWER SECTION:
www.nsl.tuis.ac.jp.           39162     IN     CNAME     pleiades.solar-system.tuis.ac.jp.
pleiades.solar-system.tuis.ac.jp. 39162        IN A      202.26.159.139
;; AUTHORITY SECTION:
solar-system.tuis.ac.jp.      39162     IN     NS        jupiter.solar-system.tuis.ac.jp.
;; ADDITIONAL SECTION:
jupiter.solar-system.tuis.ac.jp. 39162         IN A      202.26.159.135
............
```

図 6.8　202.26.157.10 の DNS サーバを利用して www.nsl.ac.jp の A レコードを検索

6. アプリケーション層のプロトコル

```
$ dig jp NS
............
;; QUESTION SECTION:
; jp.                              IN      NS
;; ANSWER SECTION:
jp.                     86400      IN      NS      a.dns.jp.
jp.                     86400      IN      NS      b.dns.jp.
jp.                     86400      IN      NS      d.dns.jp.
jp.                     86400      IN      NS      f.dns.jp.
jp.                     86400      IN      NS      c.dns.jp.
jp.                     86400      IN      NS      e.dns.jp.
jp.                     86400      IN      NS      g.dns.jp.
............
```

図 6.9　日本の TOP の DNS サーバの検索

```
$ dig 1.158.26.202.in-addr.arpa PTR
............
;; QUESTION SECTION:
; 1.158.26.202.in-addr.arpa.                IN      PTR
;; ANSWER SECTION:
1.158.26.202.in-addr.arpa.       86400   IN   CNAME  1.0/24.158.26.202.in-addr.arpa.
1.0/24.158.26.202.in-addr.arpa.  86400   IN   PTR    www.infosys.tuis.ac.jp.
;; AUTHORITY SECTION:
0/24.158.26.202.in-addr.arpa.    86400   IN   NS     www.infosys.tuis.ac.jp.
;; ADDITIONAL SECTION:
www.infosys.tuis.ac.jp.          73513   IN   A      202.26.158.1
............
```

図 6.10　IP アドレス 202.26.158.1 の逆引き

```
$ dig nsl.tuis.ac.jp MX
............
;; QUESTION SECTION:
; nsl.tuis.ac.jp.                       IN     MX
;; ANSWER SECTION:
nsl.tuis.ac.jp.            86400       IN     MX     10 sol.nsl.tuis.ac.jp.
;; AUTHORITY SECTION:
nsl.tuis.ac.jp.            86400       IN     NS     jupiter.solar-system.tuis.ac.jp.
;; ADDITIONAL SECTION:
sol.nsl.tuis.ac.jp.        86400       IN     A      202.26.159.196
jupiter.solar-system.tuis.ac.jp. 86400 IN     A      202.26.159.135
............
```

図 6.11　@nsl.tuis.ac.jp のメールサーバを検索

6.3 SMTP と POP3

SMTP (Simple Mail Transfer Protocol) および POP3 (Post Office Protocol version 3) の基本については7.3節「メール：SMTP, POP3」を参照すること。

6.3.1 SMTP

SMTP はインターネットでのメール転送用のプロトコルであり，通常は TCP の25番ポートが使用される。本来は，**MTA** (Message Transfer Agent)[†] 間，すなわちメールサーバ間のメール転送に用いられるべきプロトコルであるが，（その名前が示す通り）非常にシンプルなプロトコルであるため，**MUA** (Message User Agent)[††] と MTA 間，すなわちメーラソフトとメールサーバ間でもメールの転送が可能となってしまう。

以上のことと，SMTP ではメールの認証機能がないことなどから，送信元を偽装した SPAM メール（迷惑メール）などをメーラソフトから直接メールサーバに投函することが可能で，このことがさまざまな問題を引き起こしている。

図 6.12 に MTA と MUA の一般的な動作例を示す。

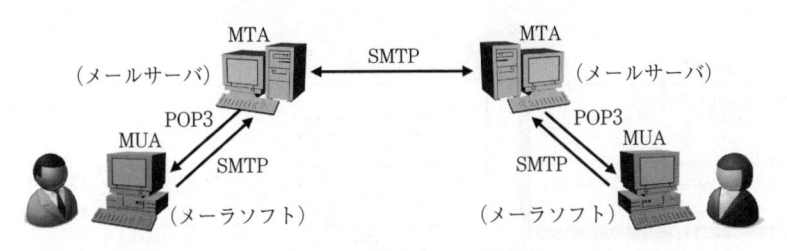

図 6.12 MTA と MUA の動作

[†], [††] MTA, MUA の M を Message ではなく Mail の略号として説明が行われる場合もあるが，これは RFC ごとに M の説明が違っているためである。したがって，どちらを用いても間違いではないし，意味もそれほど違わない。

SMTPは，インターネット初期の頃は各サーバ間をバケツリレー方式で転送されていたが，現在ではTCPのコネクションにより直接受信サーバへ転送されるようになっている（ただし転送制御によるメールが中継されることは間々ある）。

また，SMTPでは本来7bitの文字コード（7-bit byte）しか転送できないが，拡張仕様である**ESMTP**（Extended SMTP）では8bitの文字コード（8-bit byte）も転送可能になっている。ただし，ESMTPであってもバイナリデータを直接転送することはできないので，画像などをメールに添付して送る際にはBase64などの手法によりバイナリデータをテキスト化して転送する。

SMTPサーバの実装としてはsendmail（セキュリティ的に問題が多い），postfix（sendmail互換で安全性が高い），qmailなどがある。

6.3.2　エンベロープ【中級】

SMTPではメール本体はエンベロープと呼ばれる封筒に挿入されて転送される（図6.13）。メール本体はヘッダとボディからなるが（ヘッダとボディは空行によって分けられる），SMTPから見るとヘッダもボディと同じアプリケーションデータに過ぎない。ヘッダにはメールの送受信および中継を行ったメールサーバにより情報が書き込まれる。

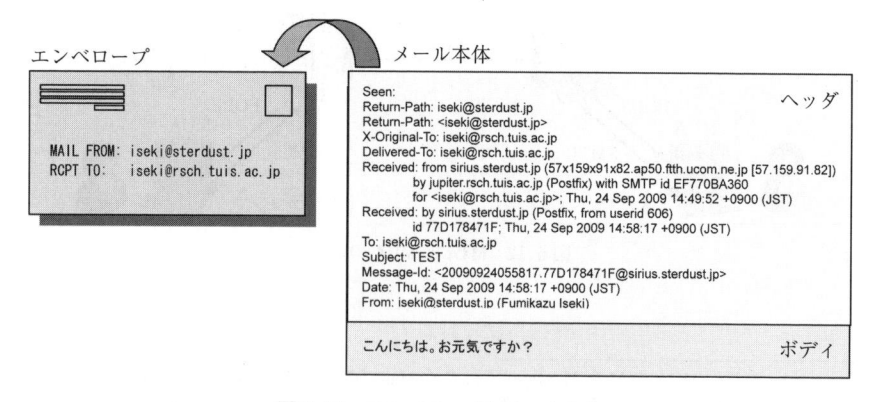

図6.13　エンベロープとメール本体

一方，エンベロープこそが SMTP の配送対象であり，エンベロープに書かれた宛先（RCPT TO）にメールが届けられる。メール本体のヘッダの宛先（To や Cc など）は，メールサーバがデータとして書き込んだもので，実際の配送対象ではない。したがって，エンベロープの宛先とヘッダの宛先には特に決まった関係はなく，両者が違っていても何の問題もない。つまり，ヘッダの宛先以外にメールが届けられるということも十分に有り得るということである。

メール本体のヘッダには，メールの送受信および中継を行ったメールサーバによる情報が書き込まれている（図 6.14）。これらの情報を見ると，メールが

```
Seen：
Return-Path：iseki@i.softbank.jp
Return-Path：<iseki@i.softbank.jp>
X-Original-To：iseki@rsch.tuis.ac.jp
Delivered-To：iseki@rsch.tuis.ac.jp
Received：from icmsa204.i.softbank.jp (imsa204.mailsv.softbank.jp [126.240.66.103])
    by jupiter.rsch.tuis.ac.jp (Postfix) with ESMTP id E1C88BA360
    for <iseki@rsch.tuis.ac.jp>; Thu, 24 Sep 2009 15:00:45 +0900 (JST)
Received：from iemsa204.i.softbank.jp by icmsa204.i.softbank.jp with ESMTP
    id <20090924060045814.NJUQ.5486.icmsa204.i.softbank.jp@icmsa204.mailsv.
    softbank.jp>;
    Thu, 24 Sep 2009 15:00:45 +0900
Received：from [192.168.1.153] ([122.26.106.54] [122.26.106.54])
    by iemsa204.i.softbank.jp with ESMTP
    id <20090924060045777.EMCE.14522.iemsa204.i.softbank.jp@iemsa204.mailsv.
    softbank.jp>;
    Thu, 24 Sep 2009 15:00:45 +0900
Message-Id：<C94315B8-DCEF-4822-A68A-80063624EE97@i.softbank.jp>
From："Fumi.Iseki" <iseki@i.softbank.jp>
To：=?iso-2022-jp?B?GyRCMGY0WBsoQiAbJEJKODBsGyhC?= <iseki@rsch.tuis.ac.jp>
Content-Type：text/plain；
    charset=us-ascii；
    format=flowed
Content-Transfer-Encoding：7bit
X-Mailer：iPhone Mail（7A341）
Subject：=?iso-2022-jp?B?GyRCJUYlOSVIJWEhPCVrGyhC?=
Mime-Version：1.0（iPhone Mail 7A341）
Date：Thu, 24 Sep 2009 15:00:24 +0900
X-SB-Service：Virus-Checked
```

図 6.14 メールヘッダの例

138   6. アプリケーション層のプロトコル

メールサーバによってどのように処理されたかを知ることができる（ただし，途中のメールサーバが正しい情報を書き込んだという保障はどこにもない）。

例えばヘッダの Received 行を見ると，メールがどのように転送されて来たかを推測することができる．図 6.14 のヘッダを例に採ると，Received 行が 3 行存在するが，後のほうが時間的に先に処理された情報であり，from から by にメールが転送されたことを表している．つまりこの場合は

192.168.1.153［122.26.106.54］→ iemsa204.i.softbank.jp → icmsa204.i.softbank.jp → jupiter.rsch.tuis.ac.jp

とメールが転送されたことが推測される．

最初の 192.168.1.153［122.26.106.54］は NAT（NAPT）により 192.168.1.153 のプライベート IP アドレスが 122.26.106.54 のグローバル IP アドレスに変換されたことを示している．また，最後（位置的には最初）の Received 行より icmsa204.i.softbank.jp の実際の名前は imsa204.mailsv.softbank.jp であり，IP アドレスが 126.240.66.103 であることも推測される（icmsa204.i.softbank.jp はメールサーバが自己申告した名前である）．

6.3.3 MIME【中級】

SMTP（ESMTP）は通常の方法ではバイナリデータを転送することはできない．バイナリデータを転送する場合にはテキストデータに変換（エンコード）し，ヘッダに新たな項目を追加することによって，添付ファイルとして転送しなければならない．このように，SMTP でバイナリデータを転送するための一連の規格を **MIME**（マイム，Multipurpose Internet Mail Extension）と呼ぶ．

MIME において，バイナリデータをテキストデータに変換する最も一般的な手法に Base64 がある．**Base64** ではバイナリデータを 6bit ごとに区切り，$2^6=64$ 個の文字（キャラクタ）で表現し直す．この場合 3Byte のデータが 4 個のキャラクタ（4Byte）で表現されることになる．例えば，0x00，0x10，0x83 のバイナリデータは，Base64 によるエンコードでは "ABCD" というテキストデータに変換される（**図 6.15**）．

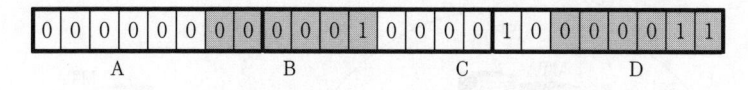

0	0	0	0	0	0	0	0	0	0	1	0	0	0	0	1	0	0	0	0	0	0	1	1
		A					B						C						D				

図 6.15　Base64 によるエンコード例

なお，Base64 は符号化方式であって暗号化方式ではないので，この点をよく注意すべきである．

6.3.4　OP25B 【中級】

先に述べたように，SMTP ではメーラソフト（MUA）からメールサーバ（MTA）へ，ユーザ認証なしに直接メールを投函することが可能である．このことが SPAM メール（迷惑メール）の増加の一因になっていることは確かである．

そこで，最近日本においては，**OP25B**（Outbound Port 25 Blocking）と呼ばれる手法により，メーラソフト（MUA）からメールサーバ（MTA）へのメールの直接投函を禁止する ISP が増え始めている．

OP25B では，ISP の境界にあるルータで，固定 IP アドレスを持たない外部ノードからの内部ノードの 25 番ポートへの接続パケットをすべて遮断する．また，ISP 内部でも，固定 IP アドレスを持たないノードからのメールサーバの 25 番ポートへの接続を禁止してしまう．つまり固定 IP アドレスを持たないノードは，すべて MUA であると認識される．

しかしながらこの方法では MUA はメールを送信できなくなってしまう．そこで，メールサーバでは 25 番ポートの代わりに 587 番 **Submission Port**（メール投函用ポート）を用意する．ただし，587 番ポートで 25 番ポートと同じサービスを提供したのでは，ポートを変更した意味がないので，587 番ポートでは SMTP Auth と呼ばれるパスワードによるユーザ認証機能を作動させ，そのパスワードを保護するために SSL（Secure Socket Layer）や TLS（Transport Layer Security）で通信の暗号化を行う（**図 6.16**）．SSL/TLS で SMTP を暗号化するプロトコルを SMTPS（SMTP over SSL）と呼ぶ．

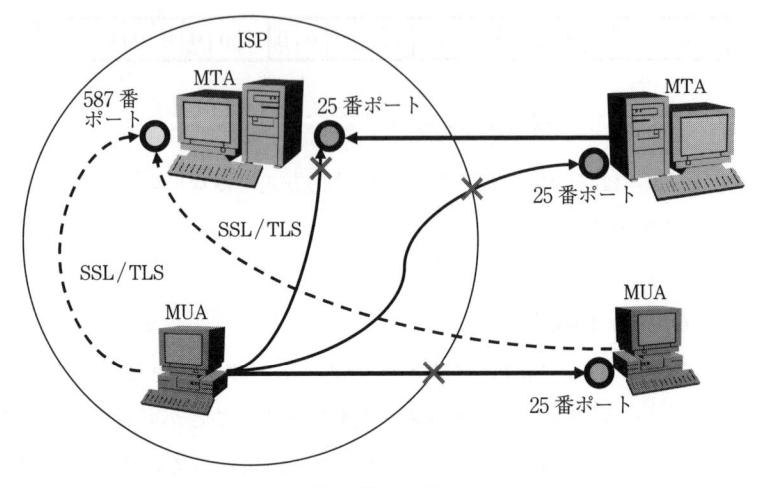

図 6.16 OP25B

国内 ISP の OP25B による対策により，国内のメールサーバを経由した SPAM メールは減少したようであるが，海外ではこれらの対策がまだ進んでいない国も多く，結局日本国内の対応だけでは，SPAM メールの対策としては限界がある。

6.3.5 POP3

POP3（ポップスリー，Post Office Protocol version 3）は MUA（メーラソフト）が MTA（メールサーバ）からメールを読み出すためのプロトコルであり，TCP の 110 番ポートが使用される。

POP3 サーバは，メールサーバのスプールに溜まったメールを POP3 のクライアント（メーラソフト，MUA）へ送信する機能を持つ。送信後，通常の設定では，送信済みメールはスプールから削除される（スプールに残す期間を設定することも可能）。

POP3 通信ではその内容はまったく暗号化されないため，メールの本文は元より，POP3 サーバにログインするためのユーザ ID とパスワードも暗号化されずに平文のままネットワーク上を流れる。そのため，現在ではインターネッ

ト越しに POP3 を使用することは推奨されていない。

最近では SMTPS と同様に，POP3 を SSL/TLS で暗号化する POP3S（POP3 over SSL，ポート番号 995）が使用される場合が多い。

また，POP3（S）は SMTP のユーザ認証の一手法である POP before SMTP に利用される場合もある。これは SMTP によるメール送信を行う前に POP3（S）によりユーザ認証を行い，ユーザ認証が成功したノード（マシン）からの SMTP 接続のみを許可するものである。ただしこれはノード単位（IP アドレス単位）の認証となるため，確実性を欠く手法でもある。前節で説明したように，最近の SMTP では SMTP Auth を用いてメール送信時にユーザ単位の認証が行われる場合が多い。

6.4 HTTP と HTTPS

6.4.1 HTTP

HTTP（Hyper Text Transfer Protocol）は HTML 文章を転送する WWW（World Wide Web）のプロトコルであり，TCP の 80 番ポートが使用される。Hyper Text とは，文章中に他の文章へのリンクを持つようなものを指し，HTML によって記述された Web ページがその代表的なものである。

HTTP サーバの実装としては Linux/Unix では Apache（アパッチ），MS Windows では IIS（Internet Information Server）が特に有名である。

6.4.2 HTTPS

HTTPS（HTTP over SSL）は，Netscape 社によって開発された SSL（Secure Socket Layer）を使用して HTTP の暗号化とサーバの認証を行うプロトコルである。ポートは TCP の 443 番が使用される。

SSL は公開鍵暗号方式を用いた暗号化および認証用のプロトコルであり，現在おもに使用されているのは SSL Version 2 と Version 3 である。SSL Version 3 は後に若干の改良が加えられ，**TLS**（Transport Layer Security）とし

142   6. アプリケーション層のプロトコル

て標準化された。したがって，SSL Version 3 と TLS はほぼ同じものと見なしても問題はない。なお SSL Version 1 にはセキュリティホールが発見されており，現在では使用されることはない。

　HTTPS を使用する場合，サーバ側ではサーバの身元を証明する X.509 形式のサーバ証明書が必要となる。ただし，正式なサーバ証明書は有料で，URL の FQDN ごとに必要であるため，小規模なサイトでは自らサーバ証明書を作成して使用しているところも多い。

　もっとも正式なサーバ証明書を使用しているからといって，そのサイトが不正行為を行わないという保障はどこにもない。また，自前のサーバ証明書を使用しているからといって，そのサイトが不正サイトであるとは限らない。

　HTTPS の暗号化も通信路が暗号化されているだけであり，サーバ上でクライアントからのデータを処理する場合には，当然暗号化は解除された状態で処理されることになる。ユーザは HTTPS の機能を正しく認識し，その効果を過信しないことが大切である。

6.5　TELNET と SSH

6.5.1　TELNET

　TELNET（テルネット）はリモートノードへ接続するための仮想端末プロトコルであり，デフォルトでは TCP の 23 番ポートが使用される。遠隔地にあるノードをあたかも手元にあるかのように操作可能であるが，POP3 と同様に通信路が暗号化されないため，リモートノードへのログイン方法としては，現在ではほとんど使用されない。代わって通信路を暗号化可能な SSH（Secure Shell）が，リモートノードへのログイン方法としてもっぱら使用されている。

　ただし，telnet コマンドを使用すると，任意の TCP ポートに接続できるため，TCP ポートの状態をチェックする場合などにはよく使用される。

　telnet コマンドは Linux/Unix はもちろん，MS Windows XP のコマンドプロンプトからでも使用可能である。MS Windows Vista/7 の場合は若干の設定が

必要であるが，これに関しては5.5.2項を参照すること．

6.5.2　SSH

SSH（Secure SHell）は TELNET（仮想端末）の暗号化バージョンであり，暗号化には SSL/TLS を利用している．ポート番号は TCP の 22 番が使用される．

また，SSH は仮想端末機能の他に**ポートフォワード機能**を有している．ポートフォワード機能では，SSH ポートを他のアプリケーションのポートへ直結させることができる．この機能を利用すると，暗号化機能を持たないプロセスでも SSH を経由して暗号化通信を行うことが可能となる（**図 6.17**）．

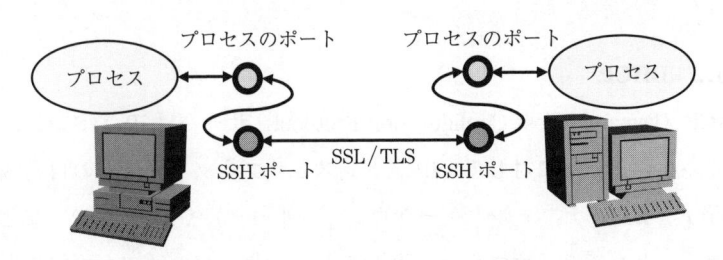

図 6.17　SSH のポートフォワード機能

6.6　その他のネットワークアプリケーション

6.6.1　FTP

FTP（File Transfer protocol）はネットワークにおいて，ファイル転送を行うためのプロトコルである．データ転送に TCP の 20 番ポート，制御用コマンドの転送に 21 番ポートを使用する．

通常の FTP サーバへの接続では，POP3 などと同様に，ユーザ ID やパスワードが暗号化されない（もちろんファイルの内容も）．したがって現在では，POP3 や TELNET と同様にインターネット越しに FTP を使用することは推奨されていない．インターネット越しに FTP を使用する場合には，SSH のポー

トフォワーディングによる SFTP（SSH FTP）や SCP（Secure Copy）または SSL/TLS で FTP を暗号化する FTPS（FTP over SSL）などを使用するほうが望ましい（MS Windows では，SSH を利用する WinSCP と呼ばれるソフトが有名である）．

一方，誰でもがログイン可能な anonymous（匿名）FTP サーバとも呼ばれるものも存在する．anonymous FTP は通常はダウンロード専用であり，Web ブラウザで URL が ftp:// 〜となる場合は anonymous FTP サーバへの接続を表す．anonymous FTP では，ユーザ ID として anonymous または ftp，パスワードとしてメールアドレスが使用されるので，インターネット越しの接続であっても，データの内容が機密性の低いものであれば特に暗号化する必要はない．

6.6.2 DHCP

DHCP（Dynamic Host Configuration Protocol）サーバは IP アドレスが設定されていないノードに対して，IP アドレスとサブネットマスクの自動割り当てを行う．また，デフォルトゲートウェイ（ルータ）や DNS サーバなどの通知を行うこともでき，オプションとして Proxy サーバの通知も可能である．使用するポートは TCP の 546 番，547 番である．

IP アドレスの自動設定を行う場合は，DHCP のクライアントプロセスを起動する必要がある．MS Windows では，ネットワーク設定のコントロールパネルのプロパティで該当インタフェースに対して，「IP アドレスを自動的に取得する」のラジオボタンをオンにすればよい．

DHCP による IP アドレスの自動設定は以下の手順で行われる．なお，これらの通信はデータリンク層の MAC アドレスを使用して行われるので，IP アドレスを必要としない（データリンク層での通信）．

① DHCP クライアントは，DHCPDISCOVER のブロードキャストをネットワーク全体にリクエストする．なお，このリクエストには割り当て希望の IP アドレスを含ませることもできる．

② DHCPDISCOVER のブロードキャストを受信した DHCP サーバは，IP

6.6 その他のネットワークアプリケーション

アドレスプール（割り振り可能な IP アドレスの集合）の中から，割り当てる IP アドレスの候補を選択し DHCPOFFER のレスポンスに含ませて DHCP クライアントに返す．

③ ネットワーク上に複数の DHCP サーバがある場合，DHCP クライアントは複数のオファーを受信するがそのうち一つを選択し，正式な IP アドレスの割り当て要請である DHCPREQUEST を選択した DHCP サーバに送信する．

④ DHCPREQUEST を受信した DHCP サーバは，割り当てる IP アドレスを DHCPACK のレスポンスに含ませて DHCP クライアントに返す．

⑤ DHCP クライアントは，DHCPACK により割り当てられた IP アドレスがすでに使用されていないことを確認するために，ARP のブロードキャストを送信する．

⑥ ARP のブロードキャストに対して返答がなければ，そのアドレスは使用されていないことになるので，自己の IP アドレスとして設定する．

⑦ DHCP サーバにより割り当てられた IP アドレスには有効期限（リース期限）がある．DHCP クライアントは，有効期限（リース期限）の半分が過ぎた時点で，DHCPREQUEST によりリース期限の更新要求を何度でも DHCP サーバに対して行うことができる．

⑧ DHCP クライアントは IP アドレスの使用が終わった場合には，DHCP サーバに対して DHCPRELEASE を送信する．DHCPRELEASE を受信した DHCP サーバは割り当てていた IP アドレスを IP アドレスプールに返却する．

以上をまとめると図 6.18 のようになる．

DHCP を利用するネットワークにおいて，不正な DHCP サーバ（不正な IP アドレスを返すサーバ）を作動させた場合，簡単にネットワークを混乱させることが可能となる．

例えば，家庭用 BB（ブロードバンド）ルータの LAN ポートを，DHCP を利用するネットワークに（誤って）接続した場合，家庭用 BB ルータの LAN ポー

```
DHCP クライアント                              DHCP サーバ
                       DHCPDISCOVER
    希望 IP アドレス
                       DHCPOFFER
                                              IP アドレスの候補
                       DHCPREQUEST
                       DHCPACK
                                              IP アドレス
                       ARP
  IP アドレスの設定
         ↕
     リース期限 /2
         ↕            DHCPREQUEST
    リース期限の延長
                       DHCPACK
     リース期限 /2
         ↕            DHCPREQUEST
    リース期限の延長
                       DHCPACK
                           ⋮
                       DHCPRELEASE
    IP アドレスの解放
```

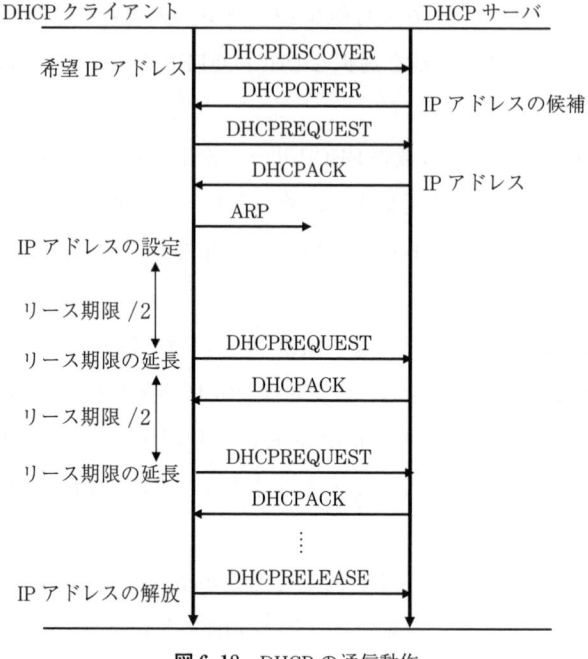

図 6.18　DHCP の通信動作

トでは通常の状態では DHCP サーバが作動しているため，この BB ルータからの DHCPOFFER を選択した DCHP クライアントには不正な IP アドレスが割り当てられることになる．結果としてそのノードはネットワークに接続することができなくなる．このような場合，不正な DHCP サーバを見つけ出す作業は骨の折れる仕事となる．

6.6.3　SIP

SIP（シップ，Session Initiation Protocol）は OSI 参照モデルのセッション層でセッションを管理するための，おもに UDP を使用したプロトコルである．**VoIP**（Voice Over IP，IP 電話）などでのダイヤル接続に使用される．

よく VoIP 専用のように思われがちだが，汎用性があり，他のプログラムからも利用可能である．ポート番号は通常は 5060 番が使用されるが，特に決

まったものではなく，他のポート番号を使用することも可能である．

6.6.4 RTP，RTCP

RTP（Real-time Transport Protocol）は VoIP での音声伝送や映像のストリーミング配信において，UDP を使用してリアルタイムにデータを転送するためのプロトコルである．SIP と組み合わせた VoIP のシステムは特に有名である．

使用するポート番号は特に決まっておらず，VoIP では先行して実行される SIP によって，セッションごとにその都度決定される．

RTCP（RTP Control Protocol）は RTP を制御するための UDP のプロトコルで，RTP と組になって使用される．使用するポートは，RTP の使用ポートに 1 を足したものとなる．

6.6.5 NFS

NFS（Network File System）は Sun Microsystems 社が開発したネットワーク上でファイルシステムを共有するためのシステムである．簡単にいえば，ファイルサーバ用のシステムで，ネットワーク上のリモートなファイルシステムをローカルなシステムにマウントすることができる．下位プロトコルとして RPC（Remote Procedure Call）を使用している．

NFS は Linux/Unix では標準的なファイル共有システムであり，ステイトレスな（サーバがクライアントの状態を保持しない）プロトコルである．また，ファイルシステムを，使用するときだけ自動的にマウントするオートマウント機能も有している．

NFS が使用するポートは RPC の portmapper（ポートマッパー）によって自動的に割り当てられる．

6.6.6 SAMBA

SAMBA（サンバ）は MS Windows のファイル・プリンタ共有プロトコルである **SMB**（Server Message Block）をエミュレートするシステムであり，TCP

の137～138番ポートなどが使用される。したがって、SAMBAを利用すると、Linux/UnixマシンをMS Windowsのファイルサーバやプリンタサーバにすることができる。SMBはNFSとは逆に、ステイトフルな（サーバがクライアントの状態を保持する）プロトコルである。

SAMBAはMS Windowsのドメインコントローラ機能をエミュレートすることも可能で、Linux/UnixのマシンだけでMS Windowsのサーバシステムを構築することが可能となる。

ちなみにSAMBAはSMBのもじりである。

6.6.7 LDAP

LDAP（エルダップ、Lightweight Directory Access Protocol）は、簡易ネットワークデータベースシステムであり、ネットワーク上でデータを共有することが可能なプロトコルである。ポートはTCP/UDPの339番が使用される。

ネットワークデータベースシステムとしては、X.500のDAPと呼ばれるディレクトリサービスが存在したが、このサービスがあまりにも複雑で重いプロトコルであったため、これを軽量化したLDAP（Lightweight DAP）が開発された。

MS Windowsのアクティブディレクトリィとの連携も可能で、現在ではおもにネットワーク上でのユーザアカウント情報（ユーザIDやパスワード）の共有に用いられる。

6.6.8 NTP

NTP（Network Time Protocol）はネットワーク上での時刻合わせに使用されるプロトコルである。ポートはTCP/UDPの123番が使用される。ネットワーク上でさまざまなデータを交換する場合に、それぞれのノードの時刻が合っていないと、「未来に作成されたファイル」などという矛盾したデータが発生する可能性もあるため、各ノード間の時刻合わせは重要な問題となる。

PCなどではハードウェアによる時刻合わせは誤差が多く、信頼性に欠ける

場合が少なくない。NTPはクライアントがサーバに対して時刻の問い合わせを行い，通信による遅れも考慮して徐々に時刻を合わせていくプロトコルである。したがって，時刻が大幅にずれている場合はNTPでも修正が困難になるため，ある程度時刻を合わせてからNTPを使用するのが通例である。

6.6.9 Proxyサーバ

Proxy（プロキシ）サーバは，イントラネット（組織内ネットワーク）などにおいて，ファイアウォールによりインターネット上へ信号を送れないマシンに代わって，インターネット側との通信を行うサーバであり，代理サーバとも呼ばれる。

WWWでよく利用され，Webページのキャッシュサーバとしても使用される（図6.19）。WWWで使用する場合には，各ブラウザの設定画面においてProxyの設定を行うが，組織内部のWWWサーバへのアクセスは直接アクセス可能であるので，通信効率の観点から，組織内部はProxyの例外サイトとして登録するほうがよい。

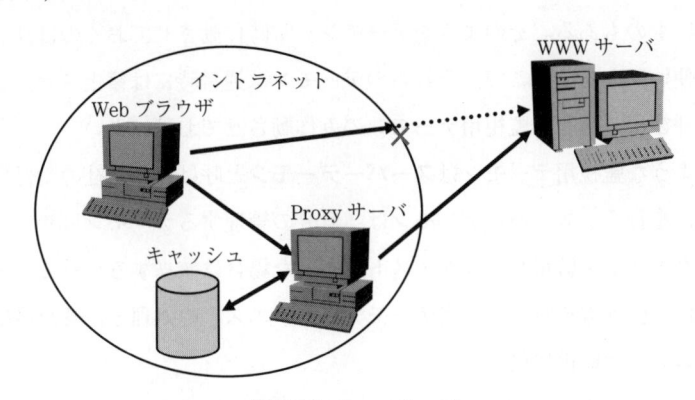

図6.19 Proxyサーバ

Proxyサーバは通常は外部へのアクセスのために用いられるが，外部からのアクセスに対して，負荷分散やセキュリティ強化の目的として用いられる場合もある。この場合は特にReverse Proxy（リバースプロキシ）と呼ばれる（図

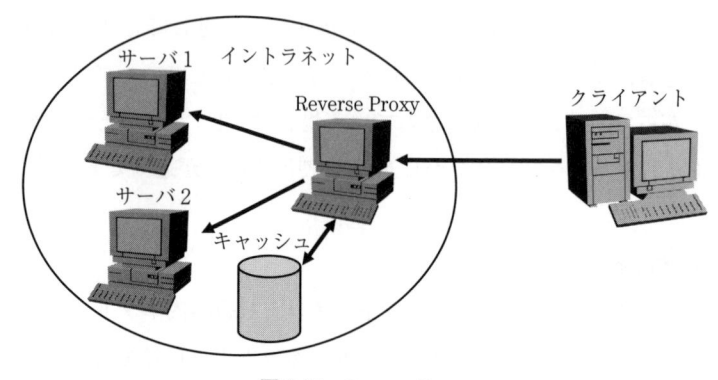

図 6.20 Reverse Proxy

6.20)．

Proxy サーバの実装としては squid（スクイド）や delegate（デレゲート）などが有名である．

6.6.10 スーパーデーモン

デーモンの中には，WWW サーバとは違い，それほど頻繁にサービスを要求されないものもある．そのようなデーモンを常時作動させておくのはリソースの無駄使いになる．そこで，それらのデーモンは通常時には停止させ，必要に応じて呼び出しを行う監視用デーモンのみ作動させておけばよい．

このような監視用デーモンは**スーパーデーモン**と呼ばれ，会社の受付係のような仕事を行う．スーパーデーモンは，自分の管理するデーモン（サービス）へのリクエストを監視し，リクエストがあった場合は該当するデーモンを起動して通信の引継ぎを行う．該当デーモンにリクエストの処理を任せた後は，再びリクエストの監視に戻る．

スーパーデーモンの実装としては inetd（アイネットディー），xinetd（エックスアイネットディー）が有名である．

inetd は設定が簡単な反面，細かい設定を行うことができない．また，inetd 自身はアクセス制御もないため，通常はアクセス制御を行う TCPWrapper（TCP ラッパー）と組み合わせて使用する（**図 6.21**）．

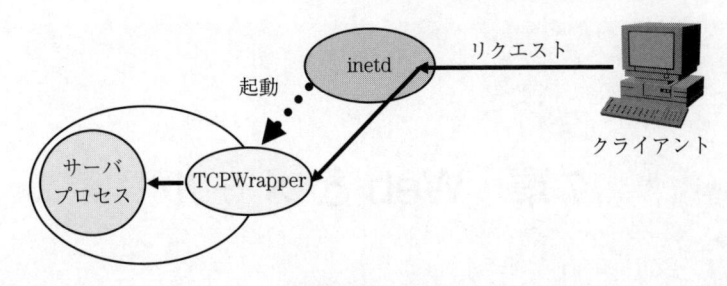

図 6.21　inetd

　一方，xinetd ではアクセス制御はもちろん，サービスが有効な時間帯を指定できるなど細かい設定が可能であるが，その分設定が難しくなるのが欠点である。

6.7　パケットアナライズ

　ネットワーク上のパケットを実際に観察することは，ネットワークの学習をする上で重要なことである。パケットを観測するツール（パケットアナライザ）としては Wireshark（http://www.wireshark.org/）などが有名だが，設定などが複雑で，初心者には若干敷居が高い。

　本書のサポート用 Web ページ（http://el.nsl.tuis.ac.jp/）では，TCP のテキストベースのプロトコルに限定されるが，簡単に通信内容を確認するための MS Windows 用ツール（NetProtocol）を用意している。興味のある読者はぜひ利用されたい。なお，詳しい操作法等は Web ページ上に記載されている。

7章　Webとメール

7.1 HTTP

　1990年まで，ネットワーク接続された離れた場所にあるサーバのリソースにアクセスするには，ftp（File Transfer Protocol）を使用して取得するか，telnetによってリモートログインし，リソースを閲覧するほかなかった。当時は使いやすいGUIソフトはなかったので，ネットワークの使用者は皆Unixコマンド，ftpコマンドを習得する必要があったが，いわゆるインターネットの使用者は高等教育機関や研究機関に限られていたので大きな問題はなかった。しかし，MS-DOSの時代にPCがなかなか一般に普及しなかったことからもわかる通り，コマンドライン操作は大きな障害であることは明らかであった。この状況は，1991年にティム・バーナーズ・リーが，WWWの基本仕様とサンプルプログラムを公開したことにより大きく状況は変わった。

　Webの使用者はGUIクライアントソフトとマウスをクリックするだけで，簡単に離れた場所のサーバ内にあるリソースにアクセスできる。しかもそのリソースの場所がどこにあるのかまったく意識せずに使用することが可能になったのである。一方，Webページ作成者にとっては，情報を載せることは世界中に情報を公開することになる。この技術により人類史上初めて，作家や政治家ではない普通の市民が世界中の不特定多数に自分の意見などの情報を自由に公開する手段を得たのである。

自身の文書中に他の文書へのリンクが埋め込まれているテキスト文書を**ハイパーテキスト** (HyperText) と呼ぶが，このリンク先がローカルコンピュータにだけでなく世界中のリモートコンピュータにリンクされたもの全体を World Wide Web と呼ぶ。**HTTP** はこのようにリモートコンピュータ内に蓄積されている文書を直感的インタフェースで容易に取得できる機能を実現するためのプロトコルである。1994 年以降，HTTP に支えられた WWW はテキスト文書だけではなく，画像や音声，動画などのメディアデータに対するリンク機能 (HyperMedia) も持つことになったため，コンピュータに詳しくない一般市民へインターネットが爆発的に普及した。

WWW の基本要素には
- URI：リソースの位置の統一的な記述法
- HTML：ハイパーテキストの記述言語
- HTTP：情報の転送プロトコル

の三つが必要である。HTML には他のリソースの位置を示す URI を使ったアンカータグを含むことができる。このアンカータグを記述する際に，技術的にはそのリンク先のリソースを一切何も操作する必要も，リンク許可を取らなくてもかまわない点が特徴的である。すなわち，WWW でのリンクは方向性を持ち，ある HTML リソースの所有者は許可なしに全世界あちこちに勝手にリンクを張ることができる点が今までの技術とまったく異なっている。

この章では Web の基本構成要素の一つであり，サーバクライアント間での通信を担う HTTP を中心に解説する。

7.1.1 HTTP の基本

HTTP ではサーバはデフォルトで TCP の 80 番ポートを使用する。現在主流の HTTP のバージョンは 1.0 と 1.1 であり，**HTTP/1.1** ではパーシステントコネクション (persistent connection) 機能が導入され，1 回の TCP 接続で画像や音声などの複数のインラインオブジェクトを転送可能である。HTTP はメッセージボディ部を除き，テキストベースでメッセージを送受信する。

現在使用されているおもなサーバソフトは**Apache**HTTPserverとMicrosoft社のIIS（Internet Information Server）であり，おもなクライアントソフト（Webブラウザあるいは単にブラウザとも呼ばれる。以下，ブラウザと略す）はInternetExplorer，Firefox，Operaなどである。本章でサーバ設定について解説する場合はApacheHTTPserver version2.2.Xでの設定を前提とする。

ブラウザはTCP80番ポートでHTTPサーバに接続後，リクエストメッセージを送る。このリクエストメッセージのフォーマットは図7.1のようになっている。

リクエストライン	例 GET/index.html HTTP/1.0
フィールド	ブラウザの種類，ホスト名など 省略可能だが，HTTP/1.1では少なくともホスト名は必須
空行（CRLF）	フィールドとメッセージボディの境界を表す
メッセージボディ	送信データがない場合は存在しない

図7.1 HTTPリクエストメッセージフォーマット

リクエストライン中のメソッドとしては，GET，POST，HEAD，PUTなどがあるが，現在使用されているメソッドはほとんどGETとPOSTだけである。GETメソッドはブラウザからサーバにデータの取得要求をする場合に，POSTはブラウザからサーバへデータを送る場合に使用される。ブラウザからの送信データが存在しないGETメソッドの場合，メッセージボディは存在しない。

RFCで規定されているサーバ側で実装すべき必須メソッドはGETとフィールド部だけを要求するHEADメソッドであるが，実際のサーバソフトはPOSTなどその他のメソッドも実装されている。サーバに対して使用可能なメソッドの種類を知りたい場合は，サーバの80番ポートに接続し，OPTIONS/HTTP/1.0と改行コードを2回送信するとサーバはそのサーバで使用可能なメソッドのリストを返答する。

フィールド部は省略可能であるが，HTTP/1.1ではHost部は必須である。

この Host 部にはアクセスするサーバの IP かドメイン名を記述する．もしブラウザがプロキシサーバを使用しているのであれば，プロキシサーバはこの Host 部の情報を元に外部の HTTP サーバにアクセスを行う．

Accept-Encoding：部で gzip，deflate となっている場合は，レスポンスメッセージのメッセージボディが gzip で圧縮されていてもブラウザで解凍展開可能であることを示す．また，Accept-Language：行はブラウザ側が解釈可能な言語が記述される．

パーシステントコネクションを行いたい場合は，フィールド部の Connection：行に Keep-alive と記述し，Keep-Alive：行に同一コネクションで次のリクエストを送るまでのタイムアウト時間（秒単位）を記述してサーバに要求する．サーバ側は，送られて来たこの時間と設定されている自身のタイムアウト時間とを比較し，短いほうを採用する．サーバ側でパーシステントコネクションのタイムアウト時間を変更したい場合は，httpd.conf でコメントアウトされている #Include conf/extra/httpd-default.conf という行の # を削除して有効化し，httpd-default.conf の KeepAliveTimeout 5 の数値を変更し，apache を再起動すればよい．パーシステントコネクションの Keep Alive の仕様は RFC 2068, 2616（HTTP 1.1）で規定されている．

一方，サーバは受け取るリクエストメッセージに従ってリソースを取得し，レスポンスメッセージをブラウザに返す．以下にサーバからブラウザに返されるレスポンスメッセージのフォーマットとステータスライン中に記述されるおもなステータスコードとその意味を示す（**図 7.2**，**表 7.1**）。

ステータスライン	例 HTTP/1.0 200 OK
フィールド	日付，サーバソフト名，メッセージボディの長さ等
空行（CRLF）	フィールドとメッセージボディの境界を表す
メッセージボディ	要求されたファイルの内容

図 7.2 HTTP レスポンスメッセージフォーマット

表7.1 HTTPのおもなステータスコード

ステータスコード	よく使われるコメント	意味
200	OK	正常に処理された
400	Bad Request	リクエストメソッドを理解できない
401	Authorization Required	認証が必要である
403	Forbidden	アクセスは拒否された
404	Not Found	要求されたファイルは存在しない
500	Internal Server Error	サーバ側でエラーが発生した
503	Service Unavailable	サーバが一時的に高負荷になっている

ブラウザがボディ部に格納されるデータを判断できるように，サーバはレスポンスメッセージのフィールド部にそのデータの種類を明記しなくてはならない。例えば，もしHTMLであればContent-Type：text/html，png画像ファイルならContent-Type：image/png，などである。受信したブラウザはその指示に従ってメッセージボディ部を整形し，ブラウザウィンドウに表示する。

このように，1回のリクエストとレスポンスのやり取りだけでTCP接続は終了する。以下に実際のHTTP通信例（GETメソッドでHTMLファイルを取得する例）を図7.3に示す。

Webサーバ上で一般ユーザが自分のホームページ領域（~/public_html/）を使えるようにするには，管理権限でhttpd.confでコメントアウトされている

#Include conf/extra/httpd-userdir.conf

の行頭の#を削除してサーバを再起動すればよい。

```
GET /~ichirou/documents/doubleger.html HTTP/1.1
Host: www.infosys.tuis.ac.jp
User-Agent: Mozilla/5.0 (Windows; U; Windows NT 5.1; ja; rv: 1.9.1.2)
->Gecko/20090729 Firefox/3.5.2 (.NET CLR 3.5.30729)
Accept: text/html,application/xhtml+xml,application/xml; q=0.9,*/*; q=0.8
Accept-Language: ja,en-us; q=0.7,en; q=0.3
Accept-Encoding: gzip,deflate
Accept-Charset: Shift_JIS,utf-8; q=0.7,*; q=0.7
Keep-Alive: 300
Connection: Keep-alive
```

図7.3 HTTP通信の様子（1/2）

```
HTTP/1.1 200 OK
Date： Thu, 20 Aug 2009 10：49：33 GMT
Server： Apache/2.0.59 (Unix) mod_ssl/2.0.59 OpenSSL/0.9.8d PHP/4.4.9
Accept-Ranges： bytes
Content-Length： 554
Keep-Alive： timeout=15, max=100
Connection： Keep-Alive
Content-Type： text/html
Content-Language： ja

<html>
<head>
<META HTTP-EQUIV="Content-Type" CONTENT="text/html; charset=Shift_JIS">
<title>Doubleger</title>
</head>
<font size=+4><b>Doubleger</b></font> by perco<br>
<pre>
<font size=+1><b>Type transformations by Java</b></font>
[From String]
   i = Integer.parseInt( s );           // to integer
   d = Doubleger.parseDouble( s );      // to double
[From integer]
   s = Integer.toString( i );           // to String
   s = String.valueOf( i );             // to String
   d = (double)i;                       // to double        (cast)
Which is incorrect？ ; )
</pre>
</html>
```

図 7.3 HTTP 通信の様子 (2/2)

7.1.2 動的 Web ページ

前節で説明した機能はブラウザからのリソースファイル要求に対してサーバがそのリソースをブラウザに渡すだけの単純な動作であった．このような単純な動作では，アクセスに対してサーバ上で他のプログラムを動かしたりブラウザからの情報入力や処理ができない．この項ではアクセスに対してサーバ上でプログラムを動かす手法の一つとして **SSI**（Server Side Includes）を解説し，ブラウザからの情報入力を処理する手法として **CGI**（Common Gate Interface）を解説する．これらを動的 Web ページと呼ぶが，動的 Web ページとしては他

にもサーバからクライアント側（ブラウザ）へプログラムをダウンロードしてブラウザ上で動かす手法もある。また，Webサーバがプログラムを動かすのではなく，プログラムを動かす部分をWebサーバから分離させて動作させる手法もある。これは厳密にはHTTPの範疇の技術ではないが，本章ではクライアント側で動く動的ページの一つの例としてJavaScriptを簡単に紹介する。

（1）**SSI** 　　SSIはページ全体を動的に生成するCGIとは異なり，静的ページであるHTMLファイル内の一部分に動的に変化する部分を埋めこみたいときに使用される手法である。SSIを使用するにはWebサーバ側でSSIを使用可能に設定する必要があるが，SSIとして動かすプログラムに制限はなく，サーバ機上で走るプログラムであれば，シェルスクリプトでもC言語の実行ファイルでもかまわない。

　SSIを使用可能にするには，管理者がWWWサーバ（ここではApacheHTTPserver2.2.X）の設定ファイルhttpd-userdir.confで

　　　AllowOverride FileInfo AuthConfig Limit Indexes

という行にOptionsを追加しサーバを再起動する。その後，ユーザ自身がSSIを使用可能にしたいディレクトリ内に.htaccessという設定ファイルに

　　　Options Includes

　　　AddHandler server-parsed .html .htm .shtml

と記述しておけばよい。2行目はSSIを含む可能性のあるファイルの拡張子である。

　SSIではサーバは単に要求されたファイルをブラウザに渡すのではなく，HTMLファイル内にSSI起動部分があるかどうかをチェックするためにサーバ負荷が大きい。このため，以前は.shtmlだけに限定することが多かったが，最近はコンピュータの性能が向上したため，上記のようにすべてのHTMLファイルを指定してもあまり問題にならないようである。

　HTTPサーバの設定でSSIが使用可能に設定されているディレクトリ内のHTMLがブラウザから要求されると，HTTPサーバソフトはHTML内のすべての行をチェックし

```
<!--#[ELEMENT] [ATTRIBUTE]="[VALUE]" -->
```
というフォーマットのSSIディレクティブと呼ばれる部分が存在するかどうかを探し，その指示に従って処理を行い，もし標準出力があればそれをSSIディレクティブ部と置き換えてブラウザに送信する。

SSIディレクティブ部で使われるおもなELEMENT，ATTRIBUTE，VALUEを**表7.2**に示す。

表7.2 おもなSSIのELEMENT，ATTRIBUTE，VALUE

ELEMENT	ATTRIBUTE	VALUE	意味
fsize	file	ファイル名	ファイルのサイズを表示する
echo	var	環境変数	環境変数に格納されたデータを表示する
flastmod	file	ファイル名	ファイルの最新更新日時を表示する
exec	cmd	コマンドやプログラム	プログラムを実行する

例えば，サーバ上のHTMLと同じ場所にa.outという実行ファイルが存在し，それを実行したい場合にはHTML内に

```
<!--#exec cmd="./a.out" -->
```
と記述すればよいし，もしブラウザのIPアドレスを取得したいのであれば

```
<!--#echo var="REMOTE_ADDR" -->
```
というSSIディレクティブを記入しておけばよい。SSIのソースと実行例は**図7.4**のようになる。

このようにSSIではサーバは単に要求されたファイルをブラウザに渡すのではなく，HTMLファイル内にSSI起動部分があるかどうかをチェックするためにサーバ負荷が大きい。このため，数年前までは.htaccessによってSSIチェックディレクトリを指定していたが，最近はコンピュータの性能が向上したため，あまり問題にならないようである。

（2）**CGI** CGIとは，動的にWebページを生成する機能であり，米国立スーパーコンピュータ応用研究所（NCSA）が開発したHTTPサーバソフトNCSA-httpdに実装された。他のサーバソフトもCGIを実装している。CGIの最新の規定はRFC3875にまとめられている。

```
<html>
<head>
<META HTTP-EQUIV = "Content-Type" CONTENT = "text/html; charset=Shift_JIS">
<title>SSI example</title>
</head>
<font size=+1><b>
Your IP address is: <!--#echo var="Remote_ADDR" -->
</b></font>
</html>
```

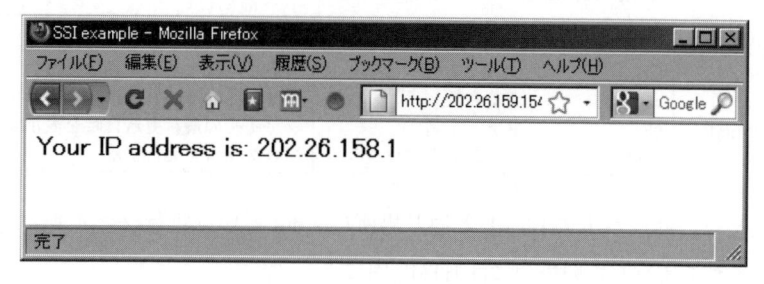

図 7.4　SSI のソースと実行例

　SSI と同じく，CGI として動かすプログラムに制限はない。サーバ機上で走るプログラムであれば，シェルスクリプトでも C 言語の実行ファイルでもかまわない。ただし，Web サーバ側で CGI を使用可能に設定しておく必要がある。SSI のときと同じようにユーザが .htaccess ファイルで Options を使用できるようにした上に .htaccess で

　　Options ExecCGI

　　Addtype application/x-httpd-cgi　.cgi .sh .pl

のように記述すればよい。2 行目は CGI として動かすファイルの拡張子である。

　CGI ではレスポンスメッセージのステータスライン部は HTTP サーバが返答するが，以降のフィールド，空行，メッセージボディは CGI プログラム自身が標準出力として出力しなくてはならない。HTTP サーバはこの出力をそのままブラウザに渡す。図 7.5 に CGI として動かすプログラムとそのブラウザでの表示例を示す。

　CGI は **FORM** タグからの入力を処理させることにより，ユーザ（閲覧者）

```
#!/bin/bash
echo 'Content-type：text/html'
echo ''
echo '<html>'
echo '<head>'
echo '<META HTTP-EQUIV="Content-Type" CONTENT="text/html；charset=EUC-JP">'
echo '<title>CGI-example</title>'
echo '</head>'
echo '<pre>'
echo '<font size=+1><b>CGIの例</b><br>'
echo "Your IP address is：$REMOTE_ADDR"
echo -n "現在の時刻は"
/bin/date +"%y年%m月%d日（%a) %H時%M分%S秒"
echo '10まで数えてみる'
for (( i=1；i<=10；i++ ))
do
    echo -n " $i"
done
echo ''
echo '</font></pre>'
echo '</html>'
```

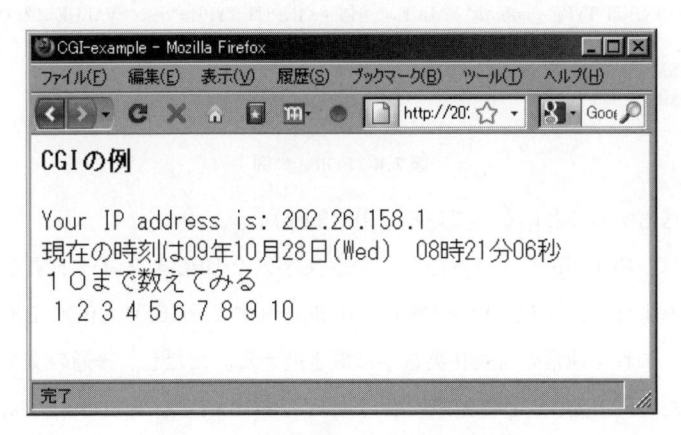

図7.5 CGI とそのブラウザでの表示例

の入力に応じて動的に Web ページを生成することもできる。まず，ブラウザに送られた HTML に FORM が記述されていて，そこにユーザは情報を入力する（**図7.6**, **図7.7**）。

CGI で ASCII 文字以外の文字データを送信する場合には URL エンコードを

```
<HTML>
<head>
<META HTTP-EQUIV="Content-Type" CONTENT="text/html; CHARSET=EUC-JP">
</head>
<FORM ACTION="some_program" METHOD="POST">
    <P>ラジオボタン<BR>
    <INPUT TYPE="radio" NAME="Q1" VALUE="A">ラジオボタン1<BR>
    <INPUT TYPE="radio" NAME="Q1" VALUE="B">ラジオボタン2<BR>
    <INPUT TYPE="radio" NAME="Q1" VALUE="C">ラジオボタン3<BR>
    <BR>
    <P>チェックボックス<BR>
    <INPUT TYPE="checkbox" NAME="Q2" VALUE="1">チェックボックス1<BR>
    <INPUT TYPE="checkbox" NAME="Q2" VALUE="2">チェックボックス2<BR>
    <INPUT TYPE="checkbox" NAME="Q2" VALUE="3">チェックボックス3<BR>
    <BR>
    <P>テキスト<BR>
    <INPUT TYPE="text" NAME="TXT" VALUE=""><BR>
    <BR>
    <P>テキストエリア<BR>
    <TEXTAREA NAME="TXTA" COLS=50 ROWS=3 ALIGIN=BOTTOM>
</TEXTAREA><BR>
    <BR>
    <INPUT TYPE="submit" VALUE="送信"><INPUT TYPE="reset" VALUE="入力しなおす"><BR>
</FORM>
</HTML>
```

図 7.6 FORM の例

行って送信することになっている（RFC3986）。

例えば，EUC-JPで「日本語」という文字列をURLエンコードする場合を考えてみよう。1バイトずつ分解し，16進に直すと「C6FC CBDC B8EC」となるが，これを通常のASCII英数字に置き換える。ただし，普通の文字列と区別するため，2文字ごとに先頭に％を付け「%C6%FC%CB%DC%B8%EC」として送信する。ただし，半角空白文字" "は"+"，"+"は"%2B"，"%"は"%25"，改行コードは"%0D%0A"に変換される。

URLエンコードされた文字列はGETメソッドでは図7.8上半分に示されているようにリクエストラインに入れて送られる。このため，あまり長い文字列は送信できない。

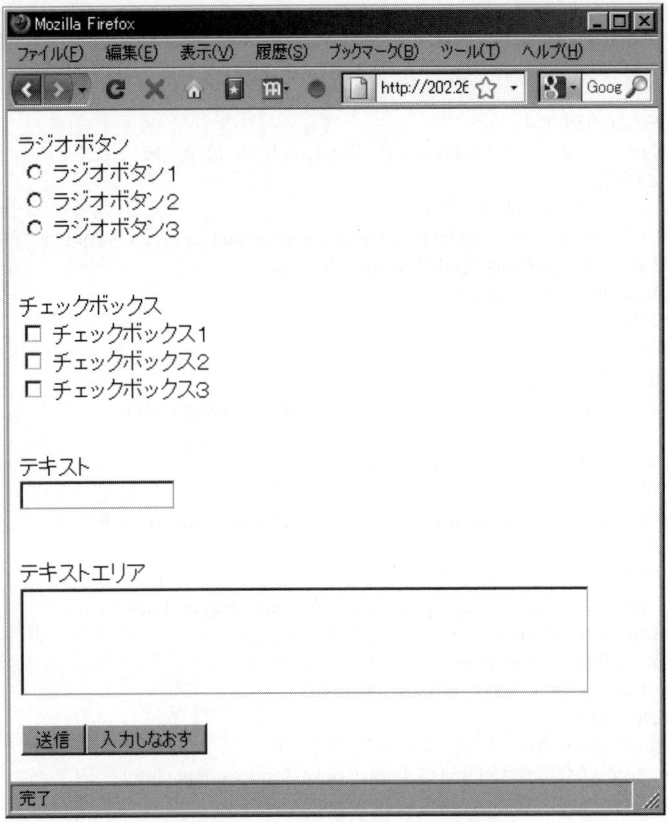

図 7.7 FORM のブラウザでの表示例

一方，POST メソッドでは，入力された文字列は図 7.8 下半分のようにメッセージボディ部に格納されてサーバに送られる。

このようにして送られて来るデータをサーバは分離した後に処理しなくてはならないが，もし GET メソッドで送られて来たのであれば，HTTP サーバはリクエストライン内にある入力された文字列（URL エンコードされている）を分離し，変数 **QUERY_STRING** に格納して CGI プログラムに渡す。もし POST メソッドで送られて来たのであれば，HTTP サーバは入力された文字列を標準入力として CGI プログラムに渡す。

CGI は，閲覧者の入力をサーバ上でプログラムを動かして処理する仕組みで

```
GET /~ichirou/book4/get_post.sh?Q1=B&Q2=1&Q2=3&TXT=abc&TXTA=%C6%FC%CB%
DC%B8%EC
HTTP/1.1
Host: 202.26.159.154
User-Agent: Mozilla/5.0 (Windows; U; Windows NT 5.1; ja; rv:1.9.1.2)
Gecko/20090729
Firefox/3.5.2 (.NET CLR 3.5.30729)
Accept: text/html,application/xhtml+xml,application/xml;q=0.9,*/*;q=0.8
Accept-Language: ja,en-us;q=0.7,en;q=0.3
Accept-Encoding: gzip,deflate
Accept-Charset: Shift_JIS,utf-8;q=0.7,*;q=0.7
Keep-Alive: 300
Connection: Keep-alive
Referer: http://202.26.159.154/~ichirou/book4/form_example.html

POST /~ichirou/book4/get_post.sh HTTP/1.1
Host: 202.26.159.154
User-Agent: Mozilla/5.0 (Windows; U; Windows NT 5.1; ja; rv:1.9.1.2)
Gecko/20090729
Firefox/3.5.2 (.NET CLR 3.5.30729)
Accept: text/html,application/xhtml+xml,application/xml;q=0.9,*/*;q=0.8
Accept-Language: ja,en-us;q=0.7,en;q=0.3
Accept-Encoding: gzip,deflate
Accept-Charset: Shift_JIS,utf-8;q=0.7,*;q=0.7
Keep-Alive: 300
Connection: Keep-alive
Referer: http://202.26.159.154/~ichirou/book4/form_example.html
Content-Type: application/x-www-form-ur lencoded
Content-Length: 46

Q1=B&Q2=1&Q2=3&TXT=abc&TXTA=%C6%FC%CB%DC%B8%EC
```

図7.8　GETとPOSTの入力文字列格納場所の違い

あるため，もし閲覧者の入力や CGI 自体に不具合やセキュリティーホールがあるとサーバに深刻な問題を引き起こす可能性がある．このため，加入者にホームページスペースを提供はするが，CGI の使用を禁止しているプロバイダもある．

（3）**JavaScript**　JavaScript は Sun と Netscape 社によって開発された Web ブラウザ上で動作するスクリプト言語である．Java 言語に似た記述がで

きるが互換性はない。

JavaScriptは図7.9のようにHTML文書内に記述され，サーバからクライアントに取得されたあとにWebブラウザによって解釈され，動作する。

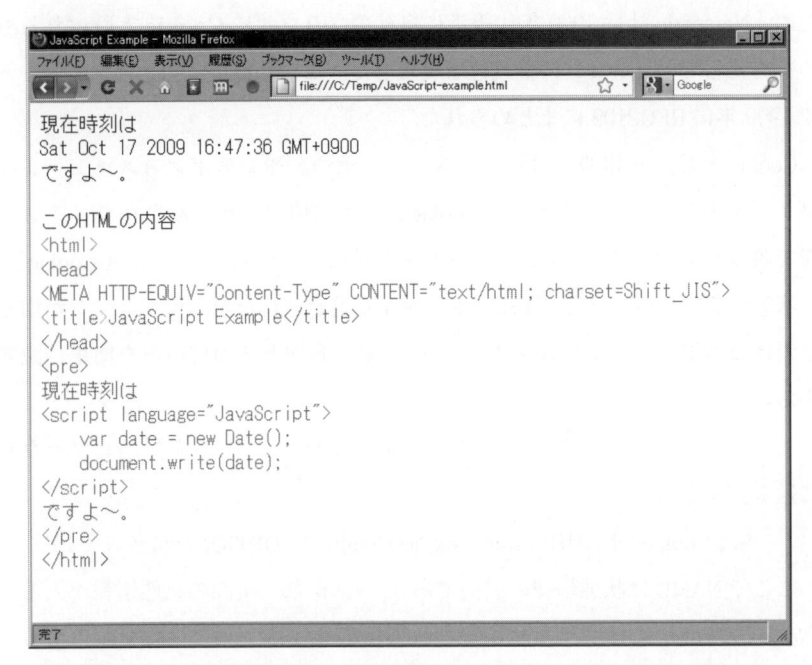

```
現在時刻は
Sat Oct 17 2009 16:47:36 GMT+0900
ですよ〜。

このHTMLの内容
<html>
<head>
<META HTTP-EQUIV="Content-Type" CONTENT="text/html; charset=Shift_JIS">
<title>JavaScript Example</title>
</head>
<pre>
現在時刻は
<script language="JavaScript">
    var date = new Date();
    document.write(date);
</script>
ですよ〜。
</pre>
</html>
```

図7.9 JavaScriptが記述されたHTMLファイルと，ブラウザでの実行図

上記の例は単に日時を表示するだけであるが，条件分岐など，普通のプログラム言語のように使用することが可能である。また，閲覧者のマウスクリックなどのイベントを拾うことも可能である。

JavaScriptはクライアントサイドで動くプログラムなので，悪意あるWeb作成者によってWebブラウザを閲覧者にとって困った動作をさせることができることに注意すべきである。

7.1.3　Cookie

HTTPは基本的に1回のリクエストとレスポンスでセッションが終了し，前

回のセッションを保持しない（ステートレス）。これでは認証が必要な Web アプリケーションなどでページ遷移後の継続性を保証したい場合やショッピングカートなど，端末ごとのアクセス履歴を保持したい場合では不便である。このため，Netscape 社は 1990 年代後半に自社のブラウザに **Cookie** と呼ばれるものを実装してセッションの継続性を実現した。この仕様は追認と補足という形で 1999 年に RFC2109 にまとめられた。

Cookie とは，具体的にはリクエストメッセージやレスポンスメッセージのフィールド部に Cookie: や Set-Cookie: で状態情報をサーバとクライアント間で授受する仕組みである。この手法を拡張し，Cookie2: と Set-Cookie2: で状態情報を授受できる手法は RFC2965 で規定されたが，オプションが増えただけなので，ここでは従来の Cookie の基本動作とその使い方を簡単に説明する。

まず，サーバは以下の書式に従って Set-Cookie コマンドを記述しブラウザに送る。

  Set-Cookie: NAME=value; expires=value; (OPTION=value; …;)

ここで NAME は状態情報の名前であり，value 部に実際の状態情報が入る。expires の value にはブラウザがその状態情報を保持すべき日時を記述する。例えば実際の Set-Cookie の例は以下のようになる。

  Set-Cookie: okaimono=vfT6juTL; expires=Sun,3-Apr-2016;

NAME は必須で Cookie の名前である。value は任意の文字列で状態情報として使用される。もし 7bit ASCII 英数字以外を格納する場合は URI エンコードして格納する。

expires: Cookie の有効期限。この時刻を過ぎるとブラウザから削除される。省略するとブラウザを閉じた時点で削除される。

OPTION としてよく使用されるものとしては，domain がある。これは通常 Cookie を発行したサーバ名で，省略すると発行した Web サーバ名そのものになる。次回アクセスしたとき，そのサーバのドメイン名がこのサーバ名と一致した場合，Cookie がサーバ側に送信される。また他の OPTION として path も

あるが，これは Cookie を発行した path 名である．省略すると発行したリソースを含むディレクトリ名になる．このように，domain と path はデフォルト値があり，通常の使用では変更の必要がないので省略されることが多い．例えば

   http://www.infosys.tuis.ac.jp/~ichirou/cookie-test/

にアクセスしたときに設定された Cookie の domain と path は陽に指定しなくても自動的に www.infosys.tuis.ac.jp，path は /~ichirou/cookie-test/ と設定される．ブラウザがこの domain と path 値に一致した URL に次回アクセスした場合だけ，保存されていた Cookie の value 値がブラウザからサーバ側に送信される．よって，NAME=value；expires=value が通常使用時の事実上必要最小限設定すべき項目である．

 サーバからブラウザに Cookie をセットするには，具体的には以下の手法がある．

 ・CGI などで HTTP のレスポンスメッセージのフィールド部に以下の記述を入れる．

  Set-Cookie：okaimono=vfT6juTL；expires=Sun,3-Apr-2016；

 ・レスポンスメッセージのボディ部の HTML 部分として以下の行を入れる

  <meta http-equiv="Set-Cookie" content=" okaimono=vfT6juTL；expires= expires=3-Apr-2016；">

 ・HTML 内の JavaScript 部分で以下のように記述

  document.cookie = " okaimono=vfT6juTL；expires= expires=3-Apr-2016；"；

複数の Cookie を設定するには上記の Set-Cookie 行を複数書けばよい．

 ブラウザは Set-Cookie で設定された domain のサーバの path で記述されたページにアクセスすると，リクエストメッセージのフィールド部に

  Cookie：okaimono=vfT6juTL

と記述し，保持している Cookie を送信する．サーバ側は受け取った Cookie を環境変数 HTTP_COOKIE に格納するため，サーバ側で Cookie を読み込んで処理するにはこの変数を参照すればよい．

7.2 Web サービス

Web サービスは，ネットワーク上に分散しているアプリケーションを連携させる技術である．また，その技術によって連携されるアプリケーションそのものを，Web サービスと呼ぶ．Web サービスは，サービス指向アーキテクチャである **SOA**（Service Oriented Architecture）の考え方に基づいている．SOA では，さまざまなサービスをその実行環境（OS，プラットフォーム，言語など）に依存しないで，サービスのインタフェースだけで連携して（すなわち，疎結合），新しいアプリケーションを実現する考え方である．

この節では，Web サービスの基本的な考え方と構成を説明した後で，その基本技術である XML，SOAP，WSDL，UDDI について説明する．

7.2.1 Web サービスの構成

（1） **Web アプリケーションと Web サービス**　　7.1 節で説明した Web アプリケーションは，ユーザがクライアントとして，Web ブラウザを使用して Web サーバに情報を要求すると，Web サーバは必要な処理を行って，要求情報を求めてユーザに送信する．したがって，ユーザの要求が多様化，高度化してくると，Web サーバも絶えず機能拡張をして行く必要がある．Web サービスはこうした Web サーバの機能開発を効率的に行える技術である．

図 7.10 に Web サービスの適用範囲を Web アプリケーションの適用範囲と対比して示している．Web サーバは，ネットワークを通して提供されるさまざまな Web サービスをあたかも部品を組み立てるように組み合わせることによって，機能拡張を効率的に行うことができる．

例えば，Web サーバで本の売買を扱っている書店の場合，Web サービスを活用すると次のような処理が可能となる．

 a） ユーザは，Web ブラウザで本の購入を申し込み，支払いカード番号，本の配達先などを入力する．

・Web サービスはコンピュータ間でやり取りする

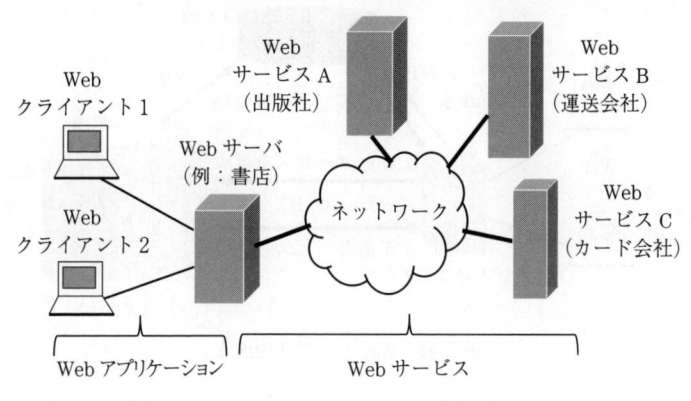

図 7.10 Web アプリケーションと Web サービス

b) 書店の Web サーバは出版社が提供する Web サービス A を利用して，出版社のコンピュータに本の注文要求メッセージを送信する．出版社のコンピュータは，在庫の有無，配達日時などを求めて，応答メッセージとして書店の Web サーバに送る．

c) 次に，書店の Web サーバはカード会社が提供する Web サービス B を利用して，カード会社に本の代金要求メッセージを送信する．カード会社のコンピュータはカードの限度額をチェックし，結果を通知する．

d) さらに，書店の Web サーバは運送会社が提供する Web サービス C を利用して，運送会社に本の配送要求メッセージを送信する．運送会社からは配達日時が送られて来る．

e) 書店の Web サーバは以上の処理結果をまとめて，ユーザに本の購入金額と配達日時を知らせる．

（2）**Web サービスの構成**　　図 7.11 に Web サービスの基本的な構成を示す．図に示すように，構成要素としては**サービスプロバイダ**，**サービスリクエスタ**，**サービスブローカ**の三つがある．Web サービスを提供する側がサービスプロバイダ，サービスプロバイダの Web サービスを利用する側がサービスリクエスタ，ネットワーク上に存在する Web サービスの情報を登録，管理

7. Web とメール

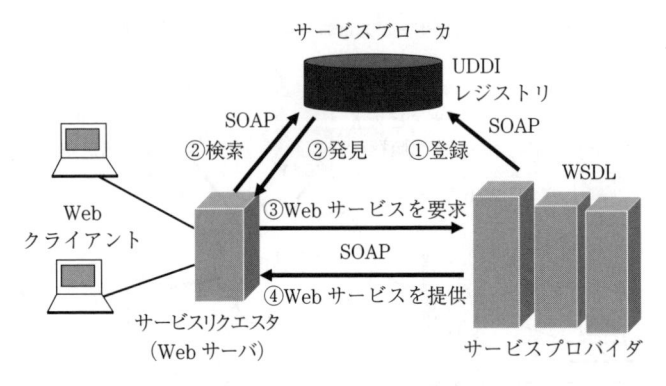

図7.11 Webサービスの構成

するのがサービスブローカである。

これらの構成要素によってWebサービスが使用されるまでのシーケンスは次の通りである。

- **a)** まず，サービスプロバイダは，提供するWebサービスを実装し，そのサービス仕様をWSDL（Web Services Description Language）で定義する。次にそれをSOAP（Simple Object Access Protocol）を使って，サービスブローカに送りサービスの登録を依頼する（図7.11の①）。
- **b)** サービスブローカはWebサービスの仕様を，Webサービスの情報を格納するデータベースであるUDDI（Universal Description Discover and Integration）レジストリに登録し，ネットワークに公開する。
- **c)** サービスリクエスタは，サービスブローカに必要とするWebサービスの検索依頼をSOAPで送信する。サービスブローカは，該当するWebサービスを発見し，その公開情報を送り返す（図の②）。
- **d)** サービスリクエスタは，公開情報に基づいてサービスプロバイダにサービスを要求し（③），サービスを提供してもらう（④）。

以上が基本シーケンスであるが，ここで使われる基本技術は，SOAP，WSDL，UDDIである。またこれらはすべてXML形式に基づいているので，次にこれらについて説明する。

7.2.2 Web サービスの技術

（1） XML（eXtensible Markup Language）

（a） **XML と HTML**　　XML は，HTML と同じマークアップ言語の一つである。図7.12に，XML と HTML の関係を示すが，両言語のルーツは SGML（Standard Generalized Markup Language）である。SGML は，文章の論理構造を定義，記述し，コンピュータで文章を共有できるようにした拡張性のある言語であり，1986 年 ISO によって策定された。その後，SGML を簡略化し，特定のタグの機能をあらかじめ定義し使いやすくした HTML が Web 文章の記述言語として開発された。さらに，Web の急速な普及とともに，HTML はさまざまな機能を拡張しながら進化し，1997 年には HTML4.0 が勧告された。

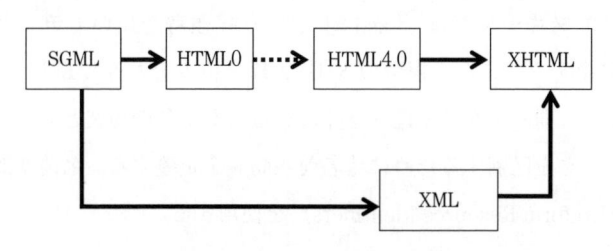

図7.12　XML と HTML の関係

しかし，HTML は Web ブラウザによる表示を目的としているため，コンピュータ間でやり取りするデータを厳密に定義する言語としては不充分である。そこで，元の SGML に基づいて，HTML にある曖昧な記述を削除し，コンピュータ処理がより容易な言語として XML が 1998 年 W3C（World Wide Web Consortium）によって策定された。さらに，その後 XML に基づいて HTML を再設計した XHTML（eXtensible HTML）となり，記述言語として使われている。

（b） **XML 文章の構成**　　XML も HTML と同様に，「<」と「>」で囲まれたタグを使うが，XML では，独自のタグの作成が可能である。図7.13に，XML で記述した文章の構成を示す。宣言部は，XML 文章の先頭にあり，XML 規格のバージョンや文字コードの宣言をする部分であるが，省略可能である。

```
<?Xml version="1.0"encoding="UTF-8"?>     宣言部

<Counter>
  <operation>add</operation>              本体部
  <data>value</data>                     (階層構造)
</Counter>
```

図7.13 XML文章の構成

本体部は，XMLの文法に従ってデータ形式を定義する部分であり，階層構造で表現することができる。

XMLではタグを自由に定義できるので，XML文章を受け取ったコンピュータが正確に処理するために，データ構造を定義した「XMLスキーマ」が必要である。XMLスキーマでは，「xsd：」という接頭辞を用いてデータの属性，値などを定義する。また，複数のXML文章を組み合わせて新しいXML文章を作成すると，同じタグ名で違う意味になる（タグ名の衝突という）場合があるので，データを区別するために「名前空間」を定義する。名前空間を表すためにURI（Uniform Resource Identifiers）を使用する。

（2）**SOAP**（**Simple Object Access Protocol**）　SOAPは，コンピュータどうしでXML形式のメッセージを交換するためのプロトコルである。SOAP規格に基づいたXML形式のメッセージをSOAPメッセージと呼ぶ。SOAPメッセージはHTTPで転送する（すなわち，SOAP over HTTP）のが一般的であるが，FTP，SMTPを使って転送することもできる。

図7.14にSOAPメッセージの記述例を示す。SOAPメッセージは，エンベロープ（Envelope），ヘッダとボディから構成される。エンベロープは，ヘッダとボディを包む封筒の役割を果たし，<SOAP-ENV：Envelope>タグで囲まれる。ヘッダは，<SOAP-ENV：Header>タグで囲まれた部分であるが，封筒の宛名に当たる。ボディに記述している内容を誰がどのように処理するかに関する情報などを記述するが，省略可能である。

ボディは，<SOAP-ENV：Body>タグで囲まれた部分で，SOAPメッセージの本体部分をXML形式で記述する。要求メッセージの場合は，オペレーショ

```
<SOAP-ENV：Envelope
   SOAP-ENV：encodingStyle="http://………/encoding/">  エンコーディング規則を指定
     <SOAP-ENV：Header>
       <ns1：SessionID
         ………SOAP-ENV：mustUnderstand="1">           ヘッダ項目を必ず処理
       </ns1：SessionID>
     </SOAP-ENV：Header>
     <SOAP-ENV：Body>
       <ns1：getPrice soapenv：encodingStyle="http://………>
         ………
       </ns1：getPrice>
     </SOAP-ENV：Body>
</SOAP-ENV：Envelope>
```

図 7.14　SOAP メッセージの記述例

ン名，パラメータなどを記述し，応答メッセージの場合は処理結果を記述する．

SOAP over HTTP においては，POST が使用される．HTTP が最もよく使われるのは，HTTP のセキュリティ（すなわち，認証，SSL など）がそのまま使える，ファイアウォールの通過が容易である等の理由からである．また，CGI プログラムやサーブレットなどを実行するしくみをそのまま利用して，SOAP メッセージをやり取りすることができるのも別な理由である．

（3）**WSDL**（**Web Services Description Language**）　WSDL は，Web サービスの仕様を XML 形式で記述するための言語である．WSDL で記述した XML 文書を WSDL 文書と呼ぶ．WSDL 文書には，Web サービスを利用するための SOAP メッセージの種類やパラメータ，SOAP メッセージを転送するために使用する通信プロトコル等を指定する．WSDL 文章を構成するおもな要素を，**表 7.3** に示す．

（a）**名前空間の定義**　　Name 属性で Web サービスの名前を指定し，targetNamespace 属性で WSDL 文書の名前空間の URI を指定する．WSDL 文書内で使用する要素をユニークに識別するため，xmlns：(プレフィックス)="名前空間名" の形式により，各要素が属する名前空間を URL 形式で指定する．

7. Web とメール

表 7.3 WSDL 文章の構成要素

WSDL の要素	定 義 内 容
wsdl：definitions	WSDL の最上位要素 文章名，使用する名前空間の URI を指定
wsdl：types	Message のフォーマット定義で使用する型の定義
wsdl：message	type で定義した型を利用してメッセージのフォーマットを定義
wsdl：portType （wsdl：operation）	Web サービスを利用するための入出力ポートの定義 (operation：各ポートで利用可能なオペレーションごとにメッセージを定義)
wsdl：binding	portType の各オペレーションに通信プロトコルとデータフォーマットを定義
wsdl：service （wsdl：port）	Web サービスを利用するための具体的なポートを定義 (port：binding された portType にネットワークアドレスを示す URI を指定)

WSDL 文書中で使用する要素は，（プレフィックス）：（要素名）の形式で指定する。

（b） 型（type）の定義　　メッセージの中で使用するパラメータのデータ型を定義する。XML スキーマ（名前空間 http://www.w3.org/2001/XMLSchema）で定義された基本的なデータ型（xsd：integer，xsd：datetime 等）を使用して，独自のデータ型を定義することができる。

（c） メッセージフォーマット（message）の定義　　定義した型を使用してメッセージのフォーマットを定義する。name 属性によりメッセージの名前を指定する。メッセージは，パラメータに相当する複数のパート（part）と呼ばれるデータの集まりから構成される。パートには，name 属性でパートの名前，type 属性で参照，element 属性で他で定義した要素の参照を行う。ここで定義したフォーマットは，SOAP メッセージのボディ部分の内容に対応する。

（d） ポートタイプ（portType）の定義　　WSDL では，Java のメソッドに相当するものをオペレーションと呼ぶ。ポートタイプには，複数のオペレーションを定義することができる。オペレーションを呼び出すための入力メッセージ（input），結果を返すための出力メッセージ（output）およびエラー通知のためのフォルトメッセージ（fault）から構成される。各メッセージの

フォーマットは，message 要素で定義したフォーマットを参照して定義する。

（e）**プロトコルへのバインディング（binding）**　抽象的なポートタイプ定義に具体的なプロトコルを結び付け（バインディング），具体的なオペレーションを再定義する。バインディング時に，スタイルとして RPC（Remote Procedure Call）型と文書型（document）を指定することができる。RPC 型は，出力メッセージが入力メッセージの処理結果の戻り値となるオペレーションで，文書型は，XML 文書のままでやり取りするオペレーションである。ボディ部の組み立て方として，スキーマ定義のまま組み立てるリテラル形式と SOAP のエンコード規則を指定したエンコード形式の二つがある。Transport により，SOAP を転送するプロトコルを指定する（HTTP，SMTP 等）。

（f）**アドレスのバインド（service）**　Web サービスにアクセスするためには，ネットワークアドレスを知る必要がある。service 要素により，バインドされたポートタイプに，具体的なネットワークアドレスを関連付け，ポート（port）を定義する。

（4）**UDDI（Universal Description Discover and Integration）**
UDDI は，Web サービスをネットワーク上に公開し，検索できるようにする仕組みである。UDDI は，Web アプリケーションにおける検索サイト（Yahoo!, Google 等）に相当する機能を持っている。検索サイトは，ユーザが入力するキーワードを元に全世界に存在する多数の Web サイトから関連する Web 情報を検索する。同様に，UDDI には企業名，サービス内容などがあらかじめ登録されており，コンピュータによる SOAP 問い合わせに対して関連する Web サービスを検索する。すなわち，UDDI は SOAP インタフェースを持つ Web サービスのディレクトリサービスであるといえる。UDDI には，Web サービスを提供する企業名やサービス内容などの情報を格納するデータベースが必要であり，これを UDDI レジストリ（registry）と呼んでいる。

UDDI レジストリは，目的の異なる3種類の電話帳（ホワイトページ，イエローページ，グリーンページ）に相当する情報を，XML 文章として格納している。ホワイトページは，Web サービスを提供する企業に関する情報として，

企業名,連絡先,企業概要,カテゴリなどを含む。イエローページは,サービス情報として,サービス名,サービス内容,サービス種類に関する情報が記述される。グリーンページは,Web サービスを呼び出すのに必要なインタフェースや引き渡し情報などのバインド情報が WSDL として管理されている。

サービスプロバイダが Web サービスを登録する場合や,サービスリクエスタが Web サービスを検索する場合は,UDDI の API (Application Program Interface) を使用する。API によって,UDDI の詳細なインタフェースを意識することなく,UDDI への登録や検索を実現することができる。

7.3 メール:SMTP, POP3

旧来の郵便と同様の機能をコンピュータネットワーク上で実現するために,電子メールシステムは開発された。このコンピュータネットワークを使用した個人間のテキストベースコミュケーション手法は単に電子メール,あるいは e メールと呼ばれる。

この節では電子メールの通信プロトコルを中心に解説する。

7.3.1 1対1コミュニケーションツールとしての電子メール

インターネットユーザが使うアプリケーションで一番普及しているものは Web と電子メールであるが,このようにコンピュータに詳しくない普通の人々に普及した要因は二つある。一つはそれらのサービスが提供する容易なユーザインタフェースである。ユーザは通信プロトコルも Unix コマンドも知る必要がなく,マウスでクリックするだけで知りたい情報を得ることができるし,電子メールではキーボードでメッセージを書き,宛先アドレスを指定して送信ボタンを押すだけでメッセージの送信ができる。もう一つの普及原因は,これらのサービスが人々の要求に合致したことによる。なぜならば,コンピュータに詳しくない人々は離れた場所にあるサーバ上でファイルを操作したりテキストファイルを編集したりする必要はないため,telnet や ssh を知らないし,

知っていたとしても使う必要性は感じないだろう。しかし研究者ではない人でも何か調べ物をする場面はあるし，知人にメッセージを送る必要もあるだろう。仕事でも，伝達でメモを部署間でメッセージを回覧する必要もあるが，電子メールはこれらの要求を容易に実現してくれるのである。

以前から1対1通信サービスとしては郵便や電話が存在した。しかし，郵便は時間と人的労力がかかり，電話は直接の会話（音声による同時双方向通信）が可能であるが，簡単な要件の伝達時でさえ相手の都合に関わらず割り込んでしまうという欠点があった。電子メールはこれらの欠点を解消したが，双方向通信ではない観点から，対比すべき従来のサービスとしては郵便が適当であろうし，実際その配送システムは郵便システムに似ている部分が多い。ただし現実の郵便と最も異なっており，注意を要する点は，電子メールは個人宅に相当する個人PCに配送されるのではなく，ユーザ自身が加入しているプロバイダあるいは所属している組織のメールサーバまでしか配送されない点である。これはアナロジーとしてユーザ自身が郵便局に私書箱を持っているのと同じである。この郵便局に相当するのがメールサーバであり，私書箱に相当するのがメールスプールである。誰でもその私書箱ポストに郵便物を送ることはできるが，契約者（＝ユーザ）だけが鍵を使って私書箱を開けることができる点も同じである。ここで電子メールにおける私書箱の鍵に相当するものはパスワードである。

このように郵便局に郵便物を渡した後の配送システムと，ユーザ自身が自分の私書箱を開けるシステムが異なるのと同様に，電子メールでもメール配送プロトコルとユーザが自分のメールをチェックし受信するプロトコルとに分けられている。このため，通常のサーバ機やクライアントPCはメール転送用プロトコルとメール受信用プロトコルの二つを使用する必要がある。この両プロトコルを実装したユーザが使用するクライアントソフトは一般にメールソフトと呼ばれ，おもなメールソフトとしては，Outlook, Thunderbird, Al-mail, Sylpheedなどがある。

ユーザはこのメールソフトを使ってメールの送受信をしていることを知って

はいるが，二つのプロトコルが使用されていることを知るユーザは少ないし，知っておく必要もない。一度メールサーバやパスワード設定をしてしまえば，あとはすべて忘れてもキーボードで文章を入力でき，マウスで送信受信ボタンを押すだけで世界中の知人と電子メールの送受信が可能となる。

メールを配送するサーバとユーザが使うメール送受信ソフトはそれぞれ **MTA**，**MUA** と呼ばれるが，それぞれ単に「メールサーバソフト」「メールソフト」と呼ばれることが多い。おもな MTA としては sendmail，postfix，qmail がある。

この項の初めに電子メールは1対1通信サービスを提供すると書いたが，宛先を複数指定したり，メーリングリストと呼ばれる特殊なメールアドレス宛に送信することによって複数の受信者に同じメッセージを一気に送信することも可能である。

次項以降でメール送信プロトコルとして SMTP，メール受信プロトコルとして POP3 を解説する。前章で解説した HTTP ではクライアントとサーバはリクエストメッセージとレスポンスメッセージを1回だけ送受信するが，SMTP や POP3 はクライアントとサーバ間で複数回のコマンドとレスポンスの送受信が行われることに注意しておくべきである。

7.3.2 SMTP

メール転送プロトコルの一つ **SMTP**（Simple Mail Transfer Protocol）は RFC821 で 1982 年に初めて規定されたが，何度も改定され，最新の SMTP は RFC5321 で規定されている。MTA はデフォルトで TCP の 25 番ポートを使用し，MUA はサーバのこのポートに接続して通信を行う。

まず，接続直後に MTA はバナーを返し，MUA は HELO コマンドで自分の PC 名を MTA に伝え，MAIL FROM：コマンドで自身のメールアドレス（送信元アドレス）を伝える。次に MUA は RCPT TO：コマンドで宛先アドレスを伝達する。MTA はこのコマンドを受け取った直後にアドレスのドメイン部を DNS の MX レコードチェックを行って不正なメールアドレスかどうかチェッ

7.3 メール：SMTP, POP3

クする場合もある．続いて MUA は MTA に DATA コマンドを送ってメール本文の送信を予告する．この後，MUA はメール本文を送るが，本文送信の終了は．のみの行で通知する．具体的には，改行コード+．+改行コード，すなわち <CR><LF>．<CR><LF> を受信することで MTA 本文送信が終了したことを認識する．最後に MUA は QUIT コマンドを送信して接続終了を宣言し，MTA は今まで受信した情報を元にメールの転送を開始する．MTA は RCPT TO：で連絡されたアドレスを使って DNS の MX レコードを元に宛先の MTA を特定し，メールを転送する．以降は MTA どうしで上記の送受信手順でメールの授受が行われ，宛先アドレスの MTA 到着後，その MTA が稼動しているサーバマシン内のローカルメーラがメールを宛先ユーザのメールスプールに保存する．ユーザが自分宛に届いたメールを自分のメールスプールから読み出す機構は，次項の POP3 が担う．

このメールスプールの場所や管理方法は MTA の種類で異なる．例えば sendmail と qmail のメールスプール管理方法は大きく異なっているため，sendmail を使用していたサイトの qmail への移行を難しくしている．

表 7.4, 7.5, 図 7.15 に SMTP のおもなコマンドと応答コード，そして

表 7.4 SMTP のおもなコマンド

コマンド	意味
HELO [コンピュータ名]	クライアントのコンピュータ名宣言
MAIL FROM：[送信元アドレス]	送信元メールアドレスの指定
RCPT TO：[宛先アドレス]	宛先メールアドレスの指定
DATA	本文を送り始める合図　CR/LF.CR/LF で入力終了
QUIT	接続終了要求

表 7.5 SMTP のおもな応答コード

応答コード	意味
220	準備 OK
221	接続終了 OK
250	正常に処理された
354	メール本文受信準備 OK
500	コマンド文法エラー
501	コマンド引数エラー
502	そのようなコマンドなし

```
220 filesvr.edu.tuis.ac.jp ESMTP Sendmail 8.14.1/8.13.4 ; Thu, 13 Aug 2009 14 : 24 :
53 +0900
HELO LENOVO-EAE445BA
250 filesvr.edu.tuis.ac.jp Hello [202.26.159.150], pleased to meet you
MAIL FROM=<s08999yn@edu.tuis.ac.jp>
250 2.1.0 <s08999yn@edu.tuis.ac.jp>... Sender ok
RCPT TO=<s08999yn@edu.tuis.ac.jp>
250 2.1.5 <s08999yn@edu.tuis.ac.jp>... Recipient ok
DATA
354 Enter mail, end with "." on a line by itself
Date : Thu, 13 Aug 2009 14 : 24 : 56 +0900
From : Yuki Nagato<s08999yn@edu.tuis.ac.jp>
To : s08999yn@edu.tuis.ac.jp
Subject= test mail
Message-Id : <20090813142456.02e498d9.s08999yn@edu.tuis.ac.jp>
X-Mailer : Sylpheed 2.6.0 (GTK+ 2.10.14 ; i686-pc-mingw32)
Mime-Version : 1.0
Content-Type= text/plain ; charset=US-ASCII
Content-Transfer-Encoding : 7bit

This is a test mail.
Enjoy networking!
.
250 2.0.0 n7D50rdn062390 Message accepted for delivery
QUIT
221 2.0.0 filesvr.edu.tuis.ac.jp closing connection
```

図7.15　SMTP通信の例

SMTP通信の例を示す．SMTPコマンドとしては，他にも宛先ユーザが存在するかどうかを送信前に確認するVRFYや，メーリングリストやエリアスを事前確認するEXPNというコマンドもあるが，サーバ内のユーザ情報を無防備に外部に提供するコマンドとして最近では使用禁止に設定されているサイトが多い．

7.3.3　POP3

SMTPが使用され始めた当初はユーザは一部の研究者に限られ，それらのユーザはメールサーバの自分のアカウントにリモートログインしてmailや

mailxなどのソフト（MUA）を使ってサーバ内のメールスプールにアクセスしてメール閲覧やメール作成送信を行うのが普通であった．すなわち，インターネットを使用する基本的リテラシーとしてUnixコマンドの習得とリモートアクセスは必須であった．しかしインターネットが普及するにつれてデスクトップPC（たいていOSはMacintoshやMS-DOSあるいはWindowsであった）ユーザ用のMUAが必要となってきた．この新しいMUAが使うメール転送送信はSMTPのままで問題はないが，問題となるのはメール受信であった．メールスプールはMTAと同じサーバマシン上に存在するため，ユーザのPCからそこにアクセスしてメールを受信するプロトコルの開発が必要となったのである．

このように，サーバ（MTA）からクライアント（MUA）へメールを受信するプロトコルとして1984年にPOPが提案され，その改良バージョンとして1988年にRFC1081で**POP3**（Postoffice protocol version 3）が提案された．その後小修正を経て現在のPOP3そのものはRFC1939で規定されている．POP3サーバはデフォルトでTCP110番ポートを使用し，クライアントPC内のMUAはサーバのこのポートに接続して認証とメールの受信を行う．

おもなPOP3サーバソフトとしてはqpopperやdovecot（これはPOP3だけではなく，imap4サーバとしても使用できる）がある．特にqpopperのシェアは大きく，事実上，POP3のデファクトスタンダードとなっているため，応答コードではなく，qpopperのレスポンスのコメントで応答を判断するMUAもいくつか存在する．このため，そのようなソフトを使っているユーザがいるとPOP3サーバをdovecotに変更するとメールの受信に障害が発生する．

まず，接続直後にMTAはバナーを返し，MUAはUSERコマンドで使用するユーザIDをMTAに伝え，PASSコマンドでユーザのパスワードを伝える．このユーザIDとパスワードで正規ユーザだと認証されたならば，次にMUAはLISTでメール一覧を要求したりRETRコマンドで特定のメールの受信要求をしたり，DELEコマンドでメール削除要求を行う．最後にMUAはQUITコマンドを送信して接続終了を宣言する．

表7.6および図7.16にPOP3のおもなコマンドと応答コード，そしてPOP3通信の例を示す．

表7.6 POP3のおもなコマンドと応答コード

コマンド	意　味
USER [ユーザID]	ユーザIDの入力
PASS [パスワード]	パスワードの入力
STAT	メール件数と全サイズ要求
LIST	各メールのサイズリスト要求
TOP [M][N]	M番目のメールの本文N行分を受信要求
RETR [M]	M番目のメールの受信要求
DELE [M]	M番目のメール削除要求
QUIT	コネクション切断要求

応答コード	意　味
+OK [コメント]	コマンド正常終了
-ERR [コメント]	コマンド失敗

OK Qpopper (version 4.0.8) at filesvr.edu.tuis.ac.jp starting.
USER s08999yn
+OK Password required for s08999yn.
PASS kyon-love
+OK s08999yn has 1 visible message (0 hidden) in 653 octets.
STAT
+OK 1 653
UIDL
+OK uidl command accepted.
1 <+H"!"Nd"!>4d"!<&)#!
.
LIST
+OK 1 visible messages (653 octets)
1 653
.
RETR 1
+OK 653 octets
Return-Path：<s08999yn@edu.tuis.ac.jp>
Received：from LENOVO-EAE445BA ([202.26.159.150])
.by filesvr.edu.tuis.ac.jp (8.14.1/8.13.4) with SMTP id n7D5gfR7090876
.for <s08999yn@edu.tuis.ac.jp>；Thu, 13 Aug 2009 14：42：41 +0900
Date：Thu,13 Aug 2009 14：42：46 +0900

図7.16 POP3通信の例 (1/2)

```
From: Yuki Nagato <s08999yn@edu.tuis.ac.jp>
To: s08999yn@edu.tuis.ac.jp
Subject: test mail
Message-Id: <20090813144246.078a1cf1.s08999yn@edu.tuis.ac.jp>
X-Mailer: Sylpheed 2.6.0 (GTK+ 2.10.14; i686-pc-mingw32)
Mime-Version: 1.0
Content-Type: text/plain; charset=US-ASCII
Content-Transfer-Encoding: 7bit
X-UIDL: <+H"!"Nd"!>4d"!<&)#!

This is a test mail.
Enjoy networking!


.
DELE 1
+OK Message 1 has been deleted.
QUIT
+OK Pop server at filesvr.edu.tuis.ac.jp signing off.
```

図 7.16 POP3 通信の例 (2/2)

7.4 電子メールシステムの問題点と対策

　この節ではプロトコルそのものから多少逸脱するが，現在の電子メールシステムが持つ問題点とその対策などを述べる。

【POP3 でのパスワード送信の危険性】　　POP3 ではユーザパスワードが暗号化されずにそのまま送信されるので注意が必要である。この対策として，パスワード部分だけ暗号化して通信する APOP (RFC 1939)，POP3 通信全体を暗号化する POP3S (POP3 over SSL) がある。

【SPAM】　　郵便のダイレクトメールと異なり，電子メールの送信には費用がかからないため，電子メールは営利目的宣伝のために利用されやすい。このような迷惑メールを総称して SPAM と呼ぶ。通常，そのメールによって利益を得る業者が直接 SPAM 送信を行うことは少なく，SPAM 送信業者に金を支払って SPAM 送信を委託することが多い。また，その SPAM 送信業者の他にもメールアドレス収集を専門とする業者もいて，分業化が進んでいる。

実際にSPAMを送信する場合，自分のメールアドレスやメールサーバを使用するとアカウントが停止される恐れがあるため，mail relayが可能なサーバを利用して大量メール送信したり，世界中のPCに侵入させたBOTに指示を送り，それらのBOTからSPAMを送信させることが多い。

【OP25B】 ユーザのPCがウイルスやBOTに感染すると，ユーザの自覚なしにウイルス添付メールやSPAMがユーザPCから直接ターゲットアドレスのメールサーバに送信されるため，近年ではOP25B（Outbound Port 25 Blocking）設定を行っているプロバイダが増加している。これはプロバイダ内からTCP25番ポートを使った外部へのアクセスをプロバイダのFireWallやルータで禁止する手法である。これによって，そのプロバイダのユーザから外部へウイルスメールやSPAMが送信される可能性を大きく減らすことができる。しかし，正規ユーザがプロバイダ外のメールサーバを使用している場合はメール送信できなくなる問題が発生する。これは外部のメールサーバでTCP25番以外のportを開けてSMTP接続を受けるようにすることで，この副作用を回避できる。

【認証付きSMTP】 SMTPはデフォルトで認証を行わないため，SPAMやウイルスメールの大量発信源として悪用されやすい。クライアントPCが直接宛先メールサーバに接続するのは前述のOP25Bで阻止できるが，プロバイダの正規メールサーバを利用されると防ぎようがない。このため，最近ではPOP before SMTP，SMTP-authなどでメール送信時にもパスワード認証を行うなどの運用上の対策が採られることが多い。しかしすべてのMUAがPOP before SMTP，SMTP-authに対応しているわけではないため，障害も多い。

【ファイルのメールへの添付】 ファイルの送受信方法としては，以前からftpやWebページにファイルを置いてダウンロードしてもらう方法などがあったが，これらは特定の相手だけではなく世界中の不特定多数に公開されてしまう上に，コンピュータに詳しくない人々には敷居の高い手法である。そこで，メールにファイルを添付する方法が考えられたが，もともと電子メールはテキストメッセージの送受信用のプロトコルであるから，画像などのバイナリデー

タを直接メールで送ることはできない。このため，以前はuuencode, uudecodeというソフトを使ってバイナリファイルをASCII英数字に変換してメール本文に埋め込んで送受信されていたが，配送上の問題が発生しうる文字列も含まれていたため，最近ではBase64, quoted-printable, Binhexなどで変換して添付できるようになった。他の操作と同様，ユーザはメールソフト使用時にファイル添付形式をまったく意識する必要はなく，単に添付したいファイルをメールへドラッグ&ドロップするだけでよい。このことにより，電子メールは単なるメッセージの送受信手法だけではなく，個人間で簡便にファイルを送受信する方法として利用されるようになった。しかし一方で，普通のユーザ達がファイル添付されたメールに慣れてしまったため，ウイルス添付メールの拡散を引き起こすという弊害も発生している。

【IMAP4】　　メール受信プロトコルとしては，POP3の他にIMAP4もある。POP3ではメール操作は基本的にユーザPCのUAで処理し，サーバ上からは削除するのが基本だが，IMAP4はサーバ上での操作が基本となっている。IMAP4クライアントはサーバ上のメールを読み，サーバ上でフォルダ操作が行われるため，クライアント側にメールを残さないモバイル環境に適したプロトコルである。しかし，POP3に比べてあまり普及していない。

8章　P2Pとグリッド

PC (Personal Computer) を始めとしたコンピュータの低価格化と高性能化が進むとともに，FTTH等の通信技術の進展によってネットワークの高速化も進み，コンピュータ間の情報のやり取りが，より容易になってきている。このため，ネットワークにつながったPCを有効に活用するさまざまな新しい考え方が表れているが，その代表的なものとして，P2Pとグリッド (grid) 技術を説明する。

8.1　P2Pネットワーク

P2P とは peer to peer の略であり，**ピア** (peer) とは，「対等の者」の意味である。P2Pはコンピュータどうしが対等の関係で通信する形態を表しており，このような通信形態のネットワークをP2Pネットワークと呼ぶ。**図8.1** に通常のクライアント・サーバ (C/S, Client Server) とP2Pの違いを比較して示している。図に示すように，サーバはサービスを提供し，クライアントはサーバが提供するサービスを利用する。前述のWebアプリケーション，メールなど多くのネットワークアプリケーションはC/Sの形態でサービスを提供している。P2Pの場合は，サービスを提供する特定のサーバはなく，対等な立場のピア（すなわち，コンピュータ）が状況に応じてサーバとクライアントを兼ねることができる。そこで，ピアをサーバントと呼ぶこともある。

現在，P2Pネットワークは各所で注目されており，さまざまな分野で利用

```
         C/S
       クライアント    サーバ    クライアント
```

```
        P2P            ピア     ピアはサーバと
                               クライアントを兼ねる
              ピア                  ピア
```

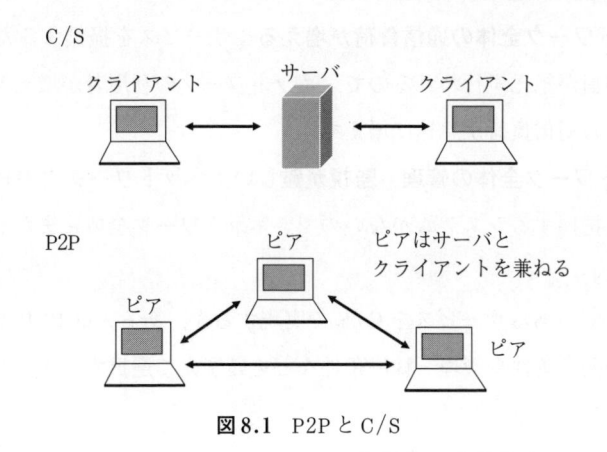

図 8.1 P2P と C/S

されている。以下その特徴と応用例としてファイル交換・共有サービスを説明する。

8.1.1 P2P ネットワークの特徴

P2P ネットワークが注目されてきたのは，前述した要因に加えて，P2P ネットワークにおいて，多様なアプリケーションサービスを動作させるためのソフトウェア（すなわち，P2P ミドルウェア）が開発され，比較的簡単に利用できるようになったのも要因の一つである。

P2P ネットワークのおもなメリットは次の通りである。

① **障害に強い**：C/S 型のネットワークにおいては，サーバが停止するとサービス全体が利用できなくなるが，P2P ネットワークでは，一部のピアが障害によって停止してもサービスを継続することができる。

② **ネットワーク規模の拡張が容易である**：C/S 型のネットワークにおいては，ネットワークの利用者が増えるとサーバに負荷が集中するので，サーバの更新を迅速に行う必要があり，ネットワークの拡張が容易ではない。P2P ネットワークではサーバの機能がピアに分散しているので，より容易にネットワークの規模を拡大することができる。

これに対して，P2P ネットワークのおもなデメリットは次の通りである。

188   8. P2Pとグリッド

① **ネットワーク全体の通信負荷が増える**：サービスを提供するためにピアどうしの通信が絶えず行われるので，ネットワークの利用者が増えるとネットワーク全体の通信負荷が急速に増えてくる。

② **ネットワーク全体の管理，監視が難しい**：ネットワーク内のピアの情報を一元的に把握するシステムがないので，ネットワーク全体にまたがる管理，監視が難しい。

したがって，あるサービスをC/Sで実現するか，あるいはP2Pで実現するかは，その要求条件や管理・稼働条件などを踏まえて選択すべきである。

8.1.2　ファイルの共有・交換サービス

P2Pのおもなアプリケーションとしては，ファイルの共有・交換サービス，グループウェアサーバがないコラボレーションツール（例：Groove），無線通信技術で接続するアドホックネットワーク（MANET, Mobile Ad-hoc Network），映像配信を行うストリーミング（例：Kontiki）等があるが，ここでは，ファイルの共有・交換サービスを説明する。

P2Pに基づいたファイル共有・交換サービスを実現する方式には，**混合型**（hybrid）と**ピュア型**（pure）がある。混合型は，P2Pネットワークにおいて通信相手のピアを発見するのにサーバを使う方式である。その後のピアどうしの情報のやり取りにサーバは関与しないが，サーバが停止するとサービスの停止となるので，C/Sと同じ弱点を持っている。

これに対して，ピュア型は一切サーバを使わない方式であるので，P2Pネットワークにおいて，一部のピアが停止しても別のルートでのサービスを行うことができる。混合型に比べると，ピアの匿名性はより守られるが，サービスの信頼性は不充分である。

今までに実現されたファイル共有・交換サービスはいろいろあるが，代表的なものとして，ナップスター（Napster）とグヌーテラ（Gnutella）がある。

（1）　**ナップスター**　　ナップスターは，MP3形式（MPEG-1 Audio Layer Ⅲ）の音楽ファイルを交換するために，1999年に米国の学生（ショーン・ファ

ニング）によって開発された．Napsterは，ショーン・ファニングの縮れ毛（nappy）に由来するといわれている．その後彼がナップスター会社を設立してサービスを提供すると大きな反響があり，2000万人以上の会員を集めた．しかし，不特定多数による音楽ファイルのコピーが行われている理由で，音楽業界から著作権侵害で提訴され，サービスを停止した．

図8.2に，ナップスターの構成を示す．サーバとピアで構成される混合型であるが，音楽ファイルをどのピアが持っているかという情報をサーバがインデックス情報として管理している．インデックス情報は，ファイル名，ファイルの大きさ，ファイルを持っているピアの情報等が含まれる．

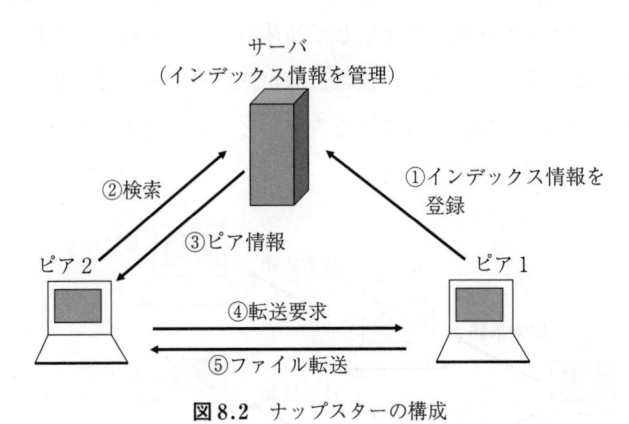

図8.2 ナップスターの構成

まず，ユーザ1は自分のピアで管理している音楽ファイルの中で交換に応じてもよいものを選び，そのインデックス情報をサーバに登録する（図の①）．次に，別なユーザ2がサーバに希望する音楽ファイルの検索要求を送信すると（②），サーバはインデックス情報を探索して関係するピアのリスト情報を送り返す（③）．ユーザ2は受信したピアのリストの中から，あるピアを選択し（すなわち，音楽ファイルを持っているピアを発見したので），そのピアにファイル転送要求を直接送信して（④），ファイルを転送してもらう（⑤）．

（2）**グヌーテラ**　Gnutellaは，GNUとNutella（ヨーロッパのお菓子）の合成語で，2000年にソフトウェアが公開された．MP3以外のデータファイ

ルも扱えることを目的としており，1日で公開停止されたにも関わらず，ソースが流出したので類似のソフトウェアが多く作られている。

図8.3にグヌーテラの構成を示すが，サーバが存在しないピュア型である。まず，ファイルを希望するピア1が検索依頼を自分に直接接続しているすべてのピア（すなわち，ピア2とピア3）に送信する。検索依頼を受信したピアは，ファイルを持っている場合は応答するが，持っていない場合は自分に直接接続している別なピア（すなわち，ピア2はピア4に，ピア3はピア5と6に）に検索依頼を転送する。これを繰り返すことによってファイルを持っているピア（すなわち，ピア5）を発見することができる。その後は，ピア1がピア5に直接ファイル転送要求を送信して通常のファイル転送の方法でファイルを入手する。このように，次々と検索依頼が転送されるので，ネットワークのすべてのピアに対する検索が可能となるが，ピア数が増えると急速に通信負荷が増大するので，対策が必要となる。

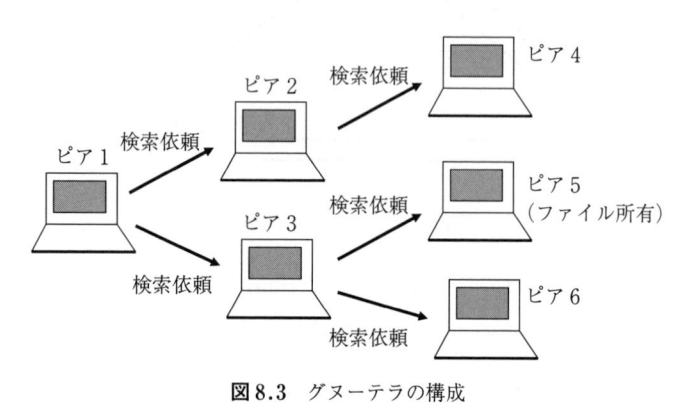

図8.3 グヌーテラの構成

こうした対策として，階層化し処理能力と通信能力のあるスーパーノードを活用する方式を採用している，カザー（KaZaA），ウィニー（Winny）などがある。

8.2 グリッド

8.2.1 グリッドコンピューティング

グリッド（grid）のもともとの意味は，全国を網目状に張り巡らして電力を提供する送電線網（power grid）である．こうした送電線網のおかげで，何時でも近くのコンセントに電気機器の電源プラグを差し込めば，その電力が火力発電によるものか，原子力発電によるものか，あるいはどこの発電所から来ているか等を考えることなく，どこでも電気を使用することができる．この考え方を情報ネットワークに適用したのが，**グリッドコンピューティング**である．送電線網と同様に，自分のコンピュータをネットワークに接続すれば，何時でも，どこでも必要な情報処理機能（すなわち，計算あるいはデータ処理機能）を使用できることを目指しているのが，グリッドコンピューティングである．すなわち，グリッドコンピューティングとは，ネットワークに接続しているコンピュータ，データベース，実験装置，センサーなどのさまざまな情報処理リソースを仮想化して（すなわち，個別のハードウェア，OS等に依存しないようにする）たがいに連携させて，ユーザが必要とする情報処理機能を提供する技術であり，分散処理コンピューティング技術をベースとしている．特に，ネットワークにつながっている多数のPCを仮想化して連携させて，スーパーコンピュータに匹敵する大きな処理能力を実現する方法（**PCグリッド**と呼ぶ）が注目されている．

グリッドコンピューティングの代表的な事例には次のものがある．

① **SETI@Home**（**Search Extraterrestrial Intelligence at Home**）：ネットワークに接続されている世界中のPCを使って，地球外知的生命体の探査を行う科学実験プロジェクトである．プロジェクトへの参加を希望すると，電波望遠鏡で観測されたデータがサーバからダウンロードされ，自分のPCの空き時間を利用して処理し，その結果をサーバに返す．1999年から始まり，大きな反響があり2000万台近いPCが参加した．

② **GIMPS**（**Great Internet Mersenne Prime Search**）：メルセンヌ素数を探すプロジェクトで，1996年に始まり，今まで12個の素数を発見した。メルセンヌ素数とは，「2^n-1」という形の素数であり，発見された12個のうち11個（例：$2^{43112609}-1$）が発見時には最大の素数であった。

③ **炭疽菌治療研究プロジェクト**：2001年に始まったプロジェクトには140万人が参加し，35億種類もの分子から有効な分子を発見することができた。

8.2.2 グリッドミドルウェア

グリッドコンピューティングを実現するためには，PCなどの情報処理リソース，それらを接続するネットワークと**グリッドミドルウェア**が必要である。

グリッドミドルウェアとは，アプリケーションと情報処理リソースの中間に位置するソフトウェアのことで，アプリケーションが要求するさまざまな処理を情報処理リソースに依頼する中間的なソフトウェアである。すなわち，グリッドミドルウェアは，特定の情報処理リソース（PCのCPU，OS，データベースの種類など）に依存しないで，リソースの違いを吸収し，それらを利用するためのインタフェース情報をアプリケーションに提供するものである。

図8.4に，グリッドミドルウェアの機能モデルとして用いている「砂時計モデル」を示す。真中の3階層（ディレクトリ，リソースの仮想化，セキュリ

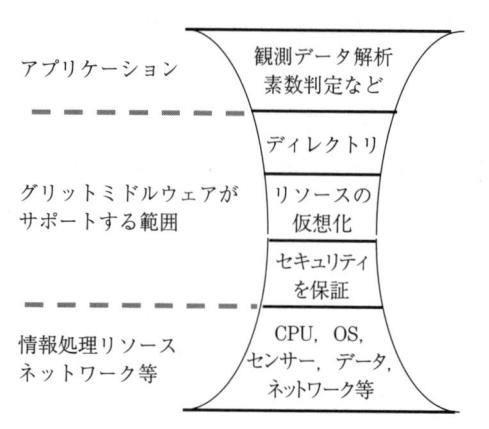

図8.4 砂時計モデル

ティを保証）が，グリッドミドルウェアがサポートする範囲である。この考えに基づいて多くのグリッドミドルウェアが開発されているが，その中の代表的な例を紹介する。

（1）**Globus Toolkit**　1995年に米国のアルゴンヌ国立研究所，南カリフォルニア大学，シカゴ大学が共同で開発したミドルウェアである。さまざまなコンピュータ，データベース，実験装置，センサーなどを広域ネットワークに接続して実現される大規模グリッドコンピューティングに必要な機能を具備しており，この分野における事実上の標準になっている。

（2）**Sun Grid Engine（SGE）**　サンマイクロシステムズ社が開発したミドルウェアである。特に，アプリケーションから受け取った処理要求をリソース管理ポリシーに基づいて分配する機能を持っている。

（3）**AD-POWERs**　ルータを越えないLAN上での簡易なPCグリッドを構築するミドルウェアとして開発された。他のものに比べて価格が安価で構築が容易である。

8.2.3　AD-POWERsを用いたPCグリッド

図8.5にAD-POWERsを用いて実現した簡易型PCグリッドの構成例を示す。図に示すように，おもにジョブの割り振りと結果の回収を担当するマスターPC（1台）と，割り振られたジョブの処理を実行するボランティアPC（複数台）がある。そのために，AD-POWERsはマスターPC用とボランティアPC用の2種類のミドルウェアを持っている。

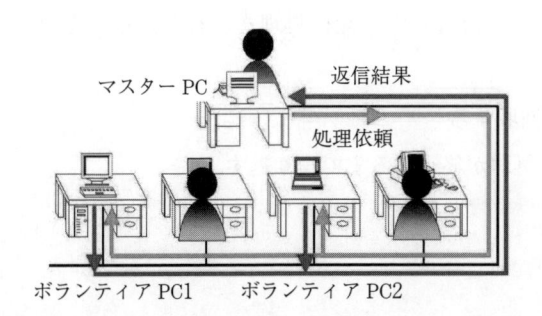

図8.5　AD-POWERsを用いたPCグリッド
（AD-POWERsは大日本印刷株式会社の登録商標です）

AD-POWERs で実現した PC グリッドのおもな特徴は以下の通りである。
1) ボランティア PC はスクリーンセーバーが ON の状態のときに処理を実行するので，夜間などの PC の遊休時間を有効に活用できる。
2) マスター PC は，LAN 上にあるボランティア PC のうちスクリーンセーバーが ON の状態になっている PC を自動的に検出し，処理を分散させて実行させるので，任意の時点でボランティア PC の参加が可能である。
3) 処理の途中でボランティア PC のスクリーンセーバーが解除され，処理が破棄された場合，即座に処理を停止し，処理に用いたデータをすべて削除するので，ボランティア PC の使用者に負荷をかけることはない。同時に，破棄された処理は別のボランティア PC に再指示するため，処理の継続性が確保されている。

また，このときの処理の流れは次のようになっている。
① まず，PC グリッドの利用者は，マスター PC 側で実行すべき処理とボランティア PC 側で実行すべき処理を設計し，それぞれの実行プログラムを作成する。その後，それらをマスター PC 上からブラウザ経由で登録する。
② マスター PC 上のブラウザから処理の開始指示を行う。
③ 遊休状態であるボランティア PC が自動的に実行プログラムを取得する。
④ 実行プログラムを取得したボランティア PC は，処理すべきデータをマスター PC に要求する。
⑤ マスター PC は要求に応じ，実行用データを送信する。
⑥ ボランティア PC は受信したデータを元に処理を実行し，結果をマスター PC に返信する。
⑦ マスター PC は結果を回収する。
⑧ 以降④〜⑦をすべての処理が終了するまで繰り返す。

9章 リアルタイムアプリケーション

9.1 ストリーミング

ストリーミング（streaming）の stream とは，「川や泉の水が絶えず流れる」を意味する。したがって，ストリーミングとは，サーバが配信し，ネットワークを経由して流れて来るマルチメディアのデータをクライアントが受信し，その都度プログレッシブに（逐次的に）再生するアプリケーションである。おもに対象とするデータは，音声と映像（すなわち，動画像）データであるので，音楽配信，映像配信サービスともいう。これは，ファイル転送でサーバのデータをクライアントが一括して受信し，再生する「ダウンロード」型とは違うものである。配信の種類としては，あらかじめ配信データを作成し保存しておいて，クライアントの要求に応じて配信する**オンデマンド**（**on demand**）**配信**と，カメラなどで撮影し収集したデータをそのまま即時に配信する**ライブ**（**live**）**配信**がある。

9.1.1 ストリーミングの基本構成

図 9.1 にストリーミングを実現するための基本構成を示す。以下，各構成コンポーネントを説明する。

（1）配信データの生成部
（a）オンデマンド配信の場合　　マイク，カメラで収集，撮影した音声

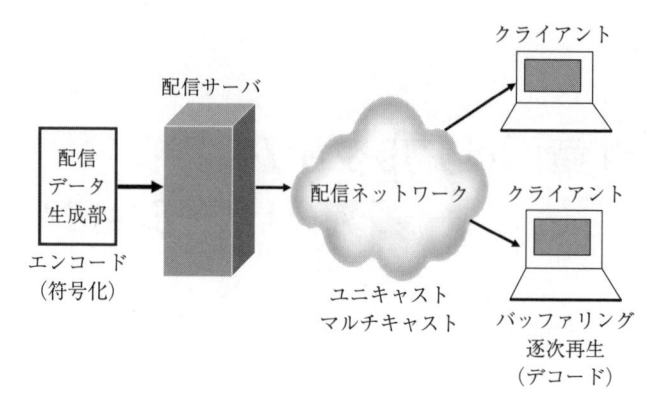

図9.1 ストリーミングの基本構成

や映像をキャプチャソフトでシステムに取り込む．取り込んだ音声や映像を編集した後，配信用のデータに変換し，配信サーバに転送する．配信用のデータに変換するときに，音声や映像はそのままでは大き過ぎるデータであるので，情報を圧縮してディジタル符号に変換する．この処理をエンコード（encode）という．

（b） **ライブ配信の場合**　マイク，カメラからの音声，映像をシステムに取り込み，逐次，配信データに変換する．すなわち，編集はしないで，エンコードしたデータを配信サーバに逐次転送する．

（2） **配信サーバ**

（a） **オンデマンド配信の場合**　生成部から転送されて来る配信データをファイルとして格納しておき，クライアントからの要求に応じてファイルを読み込み，パケットにして配信ネットワークに送出する．音声，映像データは，リアルタイム性が要求されるため，トランスポート層のプロトコルとしては UDP を使用し，その上位プロトコルとしては，後述する（9.1.3項参照）リアルタイムデータを送るためのプロトコルである RTP を使用してパケットにする．

（b） **ライブ配信の場合**　生成部から転送されて来る配信データを，要求のある複数のクライアントに同時にパケットとして送出する．多くの要求に

同時に対応するために，メモリ上でコピーが作られる場合がある。

（3） **配信ネットワーク**　　複数の要求のあるクライアントにネットワークで配信する方法として，ユニキャストとマルチキャストがある。ユニキャストは，要求のあるクライアントごとに1本ずつ配信するので，サーバ，ルータへの負荷が大きい。したがって，ライブ配信の場合のように同じ要求が多い場合は非効率的である。

マルチキャストは，**図9.2**に示すように，マルチキャスト用ルータがグループアドレスごとにユーザを管理し，データをコピーし配信するので，配信サーバの負荷が少ない。

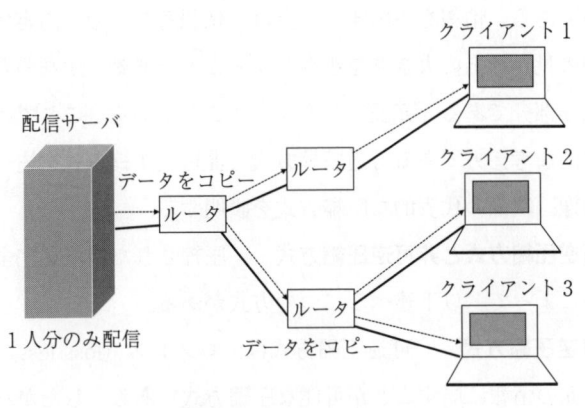

図9.2　マルチキャスト

（4） **データ受信，再生部（クライアント）**　　クライアントは，配信ネットワークから送信されて来るパケットをいったんバッファに蓄積して（バッファリング）受信する。一般にIPネットワークにおいては，途中でパケットがなくなったり（**パケット損失**），順序が入れ替わることがある。そこで，まず，受信したパケットのヘッダーをチェックし，パケット損失などを確認し，必要に応じてパケットの挿入や順序入れ替えなどの処理を行う。このとき，遅延とジッタ（揺らぎ）に対する対応も行う。**遅延**はパケットの到着タイミングが遅れることで，おもな遅延要因は，エンコードでのディジタル化処理による遅延，サーバ内での処理による遅延，配信ネットワークでの伝送遅延，受信・

再生処理による遅延，である。**ジッタ**とは，パケットの受信タイミングがばらつくことである。

次に，エンコードされたデータを元の音声，映像データに戻すが，この処理を**デコード**（decode）という。なお，エンコードとデコードの両方の処理を行うコンポーネントが**コーデック**（codec）である。

9.1.2 情報圧縮技術

音声，映像データは大きなマルチメディアデータ（例えば，HDTVは1Gbps）であるので，ストリーミングを実現するためには，情報圧縮技術は不可欠な技術である。情報を圧縮することは，情報そのものの内容は維持したまま，情報の見かけ上の大きさを小さくすることである。すなわち，情報の中にある無駄な部分である「冗長性」をなくすことである。ここでは，まず圧縮技術の基本的な考え方である可逆圧縮方式と非可逆圧縮方式を述べた後で，音声，静止画像，映像の代表的な圧縮方式を説明する。

（1） 可逆圧縮方式と非可逆圧縮方式　圧縮された情報を完全に元に戻せるかどうかによって，以下述べる二つの方式がある。

（a） 可逆圧縮方式　可逆圧縮方式は，ロスレス（loss less）といわれるが，完全に元の情報に戻すことが可能な圧縮方式である。したがって，情報そのものの内容である情報量（すなわち，シャノンのエントロピー）以上には圧縮できない方式である。エントロピーは一般的に数分の1程度なので，可逆圧縮方式ではどのような方法を採っても数分の1以上の圧縮は不可能である。

たとえ1ビットでも元に戻せないと問題が起こる文章，プログラムなどのデータファイルがこの方式の対象であり，代表的な圧縮方式として，1977年にレンペル（A. Lempel）とチフ（J. Ziv）が発表したLZ77がある。これは，データの中の繰り返しパターンを見つけて記号に置き換えることによって冗長性を取る方式である。このLZ77方式を改良して実現された圧縮ツールが，zip，LHaなどである。

（b） 非可逆圧縮方式　非可逆圧縮方式は，ロッシー（lossy）といわれる

が，完全には元の情報に戻せない方式である。人間がその品質を判断する音声や映像などが対象であり，人間の視聴覚特性を利用して，大きな圧縮を可能にする方式である。例えば，映像の場合，速い動きは見えにくいが，遅い動きははっきりと見える。そこで，動きの速い部分は正確ではないが大幅に圧縮し，動きの遅い部分はできるだけ正確に圧縮すれば，エントロピー以上の圧縮が可能となる。元の映像に戻した場合，完全には元の映像には戻らないのであるが，人間はその違いを認識することができないので品質上は問題にならないのである。

（2）**音声圧縮技術**　音声圧縮技術としては，電話の音声を対象にする場合と，音楽（オーディオ）を対象にする場合があるが，ここでは，電話の音声を圧縮するおもな技術を説明する。

G.711（すなわち，PCM）は，音声をディジタル符号にする最初の方式であり，情報圧縮はしていない。1972年にITU-Tで標準化され，ISDNで使用されている。シャノンの標本化定理によれば，元の信号の最高周波数の2倍を標本化すれば，すべてを復元することが可能である。図9.3に処理方式を示しているが，まず，電話の音声帯域は0.3〜3.4kHzであるので，8kHz（すなわち，毎秒8 000回）で標本化する（パルス間隔は128μs）。次に，8ビットで標本値を量子化し2進符号にするので，結果的に64Kbps（8 000回＊8ビット）となる。これがISDNのBチャネルである。

続いて1984年に標準化されたG.726は，ADPCM（Adaptive Differential PCM，適応差分PCM）方式に基づいた技術である。32Kbpsで音声を伝送で

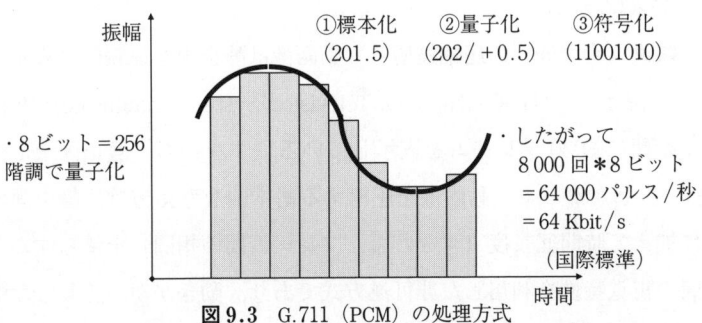

図9.3　G.711（PCM）の処理方式

き，PHS等で利用されている．さらに，1992年LD-CELP（Low Delay Code Excited Linear Prediction，低遅延符号励進型予測）方式に基づいたG.728が標準化されたが，LD-CELP方式は，音声をベクトル化し16Kbpsまで圧縮する非可逆方式である．また，より圧縮が可能なCS-ACELP方式に基づいたG.729が1995年標準化され，音声を8Kbps程度で伝送することが可能になった．

さらにAMRでは，無線区間の通信品質の状態に応じて，4.75K-12.2Kbpsまでの8段階でレートを変える．通信品質が悪いと誤り訂正用に，より多くのビットを割り当てる必要があるため，自動的に音声レートを下げ，音声品質を保つようにしている．

（3）**静止画像の圧縮技術**　静止画像としては，人工画像（グラフィックス）と自然画像（写真）があるが，周囲の画素と相関が高い空間冗長度をいかに減らすかが基本的な考え方である．

（**a**）**グラフィックス圧縮技術**　可逆方式が使用されるが，代表的な方式としては，GIF（Graphics Interchange Format）とPNG（Portable Network Graphics）がある．GIFはLZ77の改良方式を使用したものであり，PNGは特許のない方式である．

（**b**）**写真圧縮技術**　人間の視覚特性を利用した非可逆方式が使用される．画素の変化が緩やかな空間周波数が低い所は忠実に再現し，変化の激しい空間周波数が高い所を大雑把に丸める方法で大幅な圧縮を実現している．代表的な方式として **JPEG**（Joint Photographic Experts Group）と，JPEGを改良したJPEG-2000がある．

（4）**映像（動画像）の圧縮技術**　動画像は静止画を連続的に表示したものである．例えば，NTSC（National Television System Committee）方式のテレビは1秒間に約30フレームを表示している（すなわち，静止画を1秒間に30枚映す）．したがって，動画像を圧縮する基本的な考え方は，静止画の空間冗長度に加えて時間冗長度（すなわち，フレーム間の相関）を減らすことである．人間の視覚特性を利用した非可逆方式であり，動きがゆっくりした所は細かく再現し，速い所は大雑把に表現する方法である．代表的な方式は，

H.261, MPEG-1, MPEG-2, MPEG-4 などがある。**MPEG**（Moving Picture Experts Group）は，もともと標準化委員会の名前であったが，そのまま規格名称になったものである。

H.261 は，ISDN を利用した TV 会議，TV 電話用に開発された技術である。MPEG-1 は，1.5Mbps の 1 枚の CD に映像（1.25M）と音声（250K）を格納するために開発されたものである。MPEG-2 は MPEG-1 に基づいており，最も普及しているものの一つである。MPEG-4 はオブジェクト単位（人，背景など）の符号化を行っており，プロファイルの集合体である。例えば，FOMA の場合は，シンプルプロファイルを使用している。

9.1.3 リアルタイム通信技術

ストリーミングはリアルタイム性が重要なアプリケーションである。ここでは，まずリアルタイム通信の特徴を述べた後，リアルタイム通信に使うプロトコルである RTP と RTCP を説明する。

（1） **リアルタイム通信の特徴**　　音声，映像は一部が欠けても再生が可能であるが，パケットの到着時間に対しては高い要求がある。データの受信側では，途中でなくなったり，遅れたパケットは無視して，一定時間内に到着したパケットだけを利用して再生を行うので，許容範囲を超えて遅れるパケットがあると正しい再生ができないのである。

ところが，TCP によるデータ転送は，再送を伴うことで完全なデータを受信できるが，パケットの到着時間は予測できない。一方，UDP は TCP よりもデータ転送性能は優れているが，パケットを再生するのに必要な情報が存在しない。そこで，リアルタイム通信に適した新しいプロトコルとして RTP と RTCP が実現された。

（2） **RTP と RTCP**　　RTP は，パケット損失の検出，再生タイミング情報の提供，パケットに含まれるメディアフォーマットに関する情報などにより，パケット喪失の検知や順序性を確保するために開発されたプロトコルである。RTP は，RFC 3550 で規定されている。一方，RTP セッションを制御する

ために，RTCP（RTP Control Protocol）が規定されている。これは，RTPメディア情報の状態変化の通知や統計情報を得るために，必要な情報通知と収集を目的としたものである。具体的には，RTCPは，メディアストリームの品質（ジッタ，パケット損失，往復遅延など）についての情報を受信側から送信側に送る。なお，RTCPの情報を送るパケットは，管理対象となるRTPパケットの送受信に使うポート番号（偶数）に対して，一つだけ大きいもの（奇数）を利用する。

（a） **RTPの仕組み**　図9.4に，RTPヘッダのフォーマットを示す。RTPヘッダには，パケットの順序制御やパケット損失検出を行うためのシーケンス番号，パケットの同期を行うためのタイムスタンプ，RTPパケットのペイロードの内容を示すペイロードタイプなどが含まれる。また，メディアストリームのソースIDとして利用されるSSRCも含まれる。RTPヘッダのバイト数は，メディアストリームが複数でない場合には，12バイトとなる。**表9.1**にRTPヘッダの名称と内容を示す。

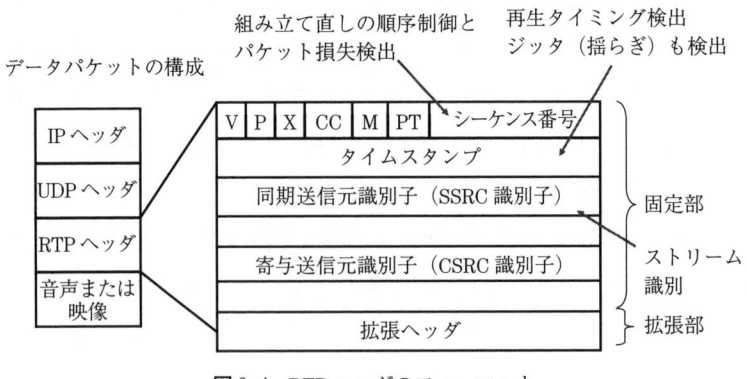

図9.4　RTPヘッダのフォーマット

送信側は，RTPパケットを送信するごとに一つずつシーケンス番号を増加させるので，受信側でシーケンス番号の欠落がわかると，RTPパケット損失の発生を知ることができる。一方，RTPタイムスタンプは，メディアのサンプリング基準で増加する相対的な時間情報である。例えば，音声G.711コー

表 9.1 RTP ヘッダの名称と内容

フィールド	名称	ビット数	内容
V	バージョン	2	RTP のバージョン
P	パディングビット	1	意味のないパディングの有無を表す
X	拡張ビット	1	拡張ヘッダの有無を表す
CC	CSRC 数	4	CSRC の数を表す
M	マーカビット	1	データの区切りなどを意味する
PT	ペイロードタイプ	7	RTP パケットに含まれるペイロードタイプ番号を示す
シーケンス番号	シーケンス番号	16	RTP パケットの順序性を保証するための番号
タイムスタンプ	タイムスタンプ	32	RTP パケットに含まれるペイロードの先頭がサンプリングされた時刻を示す
SSRC	SSRC ID	16	メディアストリームのソース ID
CSRC	CSRC IDs	16xCC	RTP パケットに含まれるメディアストリームがミキサーにより複数のソースから成り立っている場合に，元となるメディアソースの ID のリストを示す

デックでは，8KHz サンプリングなので，RTP のタイムスタンプは 125μs ごとに増加する。実際には，20ms ごとに RTP パケットが送られることが多いので，タイムスタンプは，前回の RTP パケットのタイムスタンプより，160 だけ進んだものとなる。RTP タイムスタンプの初期値は，通常ランダムに設定する。シーケンス番号と，タイムスタンプとは必ずしも同じように増加するとは限らない。例えば，無音圧縮により，無音の場合にパケットを送らないようにすると，RTP のタイムスタンプは，実際に経過した時間だけ進められるが，シーケンス番号は 1 増えるだけである。また，映像データなどは，同一サンプリングされたデータが複数の RTP パケットになる場合があり，その場合には，タイムスタンプは共通だが，シーケンス番号は，RTP パケットごとに付与される。

　RTP ヘッダのペイロードタイプは，RTP パケットに含まれるデータのプロファイル（フォーマット種別（メディア符号化種別），RTP タイムスタンプの単位など）を指定する。これにより，各 RTP パケットに含まれるペイロードタイプを動的に変更することができる。例えば，一つのメディアストリームの

中で，利用可能な帯域や，品質によって動的に符号化方式を変更することが可能となる。

（b） **RTCP の仕組み**　　RTCP の共通フォーマットを図 9.5 に示す。5 バイト目以降のフォーマットは，PT フィールドで指定された RTCP パケットのタイプによって異なる。表 9.2 に各フィールドの内容を示す。

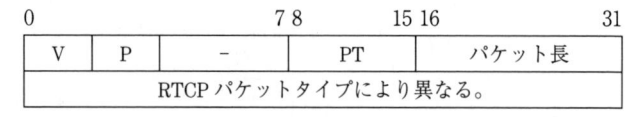

```
0                7 8      15 16              31
| V | P |   -   |   PT    |   パケット長      |
|       RTCP パケットタイプにより異なる。       |
```

図 9.5　RTCP の共通フォーマット

表 9.2　RTCP の各フィールドの内容

フィールド	名　称	ビット長	内　容
V	バージョン	2	RTCP のバージョンを表す
P	パディングビット	1	意味のないパディングの有無を表す
―		5	RTCP パケットのタイプによって異なる
PT	ペイロードタイプ	8	RTCP パケットのタイプを指定する
パケット長	パケット長	16	RTCP パケットの長さを示す

RTCP は，RTP のメディアストリームに対して，付加的な機能を提供しているが，その機能は次の通りである。

① 送信メディアに関する情報通知：送信したメディアパケットの総数や，RTP タイムスタンプと絶対時間のマッピング情報など。

② 受信メディアに関する統計情報通知：受信したメディアストリームのジッタ，パケット損失，往復遅延の推定に必要な情報を送信側に通知する。

③ メディアソースの情報通知：メディアストリームの送信者の名前などメディアソースに関する情報を通知する。

④ セッションからの離脱通知：セッションからの離脱を通知する。

⑤ アプリケーション特有機能：アプリケーション特有の機能を提供する。

RTCP パケットは，機能ごとにいくつかのタイプに分かれており（RFC3550），5 種類のパケットタイプが定義されている。表 9.3 に，RTCP パケットのタイプリストを示す。RTCP パケットは RTP パケット送受信に影響を与えないこ

表9.3 RTCPパケットのタイプリスト

PT	RTCPパケットタイプ	機能
200	SR（Sender Report）	①+②：RTPパケットの送信者に関する情報と受信しているメディアストリームに関する情報を通知する
201	RR（Receiver Report）	②：受信しているメディアストリームに関する情報のみを通知する
202	SDES（Source Description）	③：メディアソースに関する情報を通知する
203	BYE（Goodbye）	④：セッションからの離脱を通知する
204	APP（Application-Defined）	⑤：アプリケーション特有の機能を提供する

とが肝要である．実際，RTCPパケットの割合はRTPメディアストリームパケットに対して，最大5%以下であることが推奨されている．

9.2 IP電話

VoIP（Voice over Internet Protocol）は，IPネットワークを使用して音声通話（すなわち，電話）を行うための技術である．要素技術としては，音声の符号化，パケット化，端末（IP電話機），VoIPサーバ，シグナリングプロトコルなどがある．広義のIP電話は，VoIP技術を利用する電話サービスを指すが，狭義のIP電話は，ネットワークの一部または全部においてIP技術を利用して，既存の回線交換技術による電話サービスとほぼ同等な品質の電話サービスを提供するものを指す．また，Skypeのようなインターネット電話とは，インターネットをそのまま利用して実現する，ベストエフォート型（すなわち，最大限努力はするが品質の保証はしない）の電話サービスをいい，インターネットの状態によっては品質が保障されない場合がある．

ここでは，まず，既存の回線交換技術による電話サービスを説明し，その後で，広義のIP電話を実現する技術を説明する．

9.2.1 回線交換技術による電話サービス

図9.6に既存の**交換機**による電話ネットワークを示す．自宅の電話機，あ

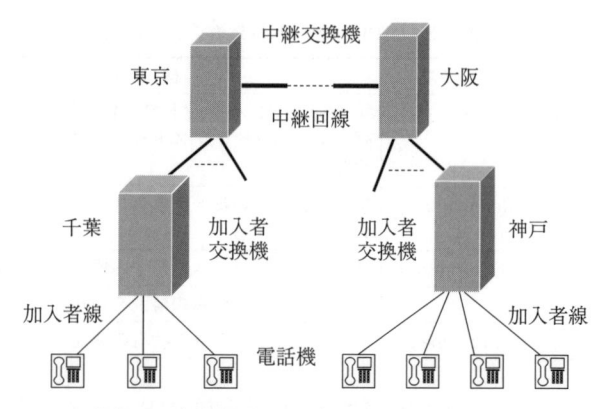

図 9.6 交換機による既存の電話ネットワーク

るいは公衆電話機は加入者線によって地域の加入者交換機に接続（すなわち，加入）しており，加入者交換機はさらにその上位の中継交換機に接続されている．このように多数の交換機を相互接続した電話ネットワークによって，日本中の電話機が電話番号を入力するだけで，電話サービスを利用することができるのである．

次に，図 9.7 に電話をかけるときネットワークで行われる処理の流れを示す．電話をかけることをネットワークの立場で「呼」といい，電話サービスを

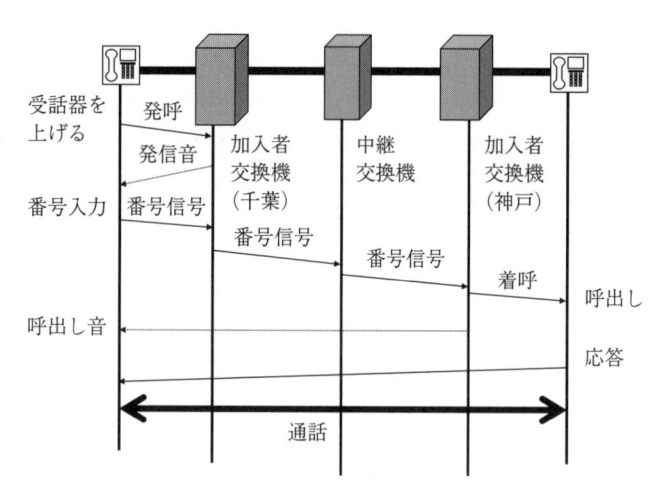

図 9.7 呼処理の流れ

実現するためにネットワークで行っている処理を「**呼処理**」といっているので，図9.7は呼処理の流れを示している．

　まず，電話をかける人（例えば，千葉の発信者）が受話器を上げると，電話機から加入者交換機に発呼信号が送信される．加入者交換機は発呼信号を受信すると，発信者を認証し，問題がなければ電話番号入力を促す発信音を電話機に送信する．次に，発信者が電話の相手（例えば，神戸の着信者）の電話番号を入力すると，番号信号が加入者交換機に送信され，加入者交換機は受信した番号の分析を行う．番号分析の結果，着信者が遠方の人であることがわかると，着信者が加入している加入者交換機（神戸）まで中継交換機を経由して番号信号を送信する．着信者の電話機が接続されている加入者交換機が番号信号を受信すると，着信者の状態を確認して，電話ができる状態である場合は，電話がかかってきたことを知らせるために，着呼信号を着信者の電話機に送信して，呼出しを行う．同時に，発信者の加入者交換機に，呼出し中を知らせる信号を送信し，発信者に呼出し音を聞かせる．またここまでに並行して通話に必要なネットワークのリソース（すなわち，回線）を確保し，予約しているので，着信者が受話器を上げて応答すると，ただちに通話を始めることができる．

　以上が通話までの呼処理の基本的な流れであるが，電話機と交換機，あるいは交換機どうしで信号（シグナル）をやり取りすることを「**シグナリング**」という．また，電話開始時から通話に必要な回線を確保し，終了するまで独占して使用する方式であるので，この技術を回線交換技術という．

9.2.2　IP電話の基本構成

　VoIPによるIP電話は，9.2.1項で説明した呼処理をIPネットワークで実現したシステムである．**図9.8**にIP電話を実現するためのシステムの基本構成を示す．以下，各構成コンポーネントを説明する．

　（1）**発信端末（IP電話機）**　　図9.7に示しているように，呼処理は相手の番号を入力して着信者を呼び出すまでの「シグナリングフェーズ」と，着信者と話をする「通話フェーズ」に分かれている．したがって，まず，発信端末

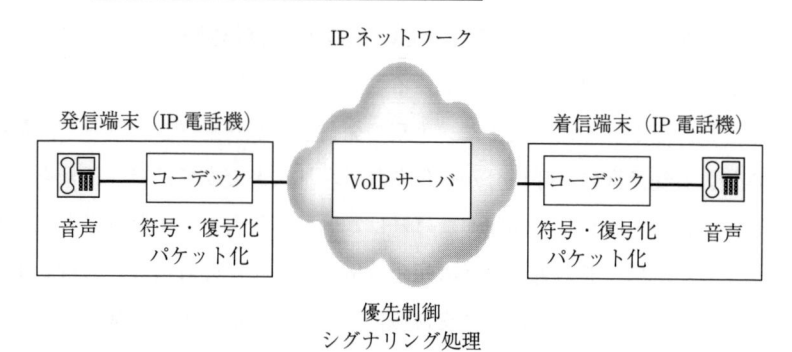

図 9.8 IP 電話システムの基本構成

はIPネットワークにシグナルを送受信する機能が必要である。VoIPのシグナルとして使うプロトコルは後述するように（9.2.3項参照），H.323, SIPがあるので，発信端末はこれらのプロトコルを処理する機能が必要である。次に，通話を行うために，音声を符号化し，音声パケットとしてネットワークに送受信する機能が必要である。音声符号化方式は9.1.2項で説明したように，G.711, G.726, G.728等があるが，これらを実際に実現したコーデックを組み込む必要がある。また，音声パケットは，ストリーミング用パケットと同じようにリアルタイム性が要求されるので，UDPとRTPを使用してパケットにする。

（2） **IP ネットワーク**　IPネットワークには，既存の交換機で行われる呼処理を実行する機能が必要である。したがって，まず，シグナルプロトコルに応じてシグナリング処理を行うVoIPサーバが必要である。次に，音声パケットを発信端末から着信端末まで確実に届けるパケット転送機能が必要である。一般にIPネットワークは，音声パケットのみを転送するのではなく，メールパケット，Webアクセスパケット，ストリーミングパケットなどさまざまなアプリケーション用のパケットが混在して，同時に転送されている。しかし，これらのパケットに求められている品質条件（遅延，揺らぎなどの許容時間値）は異なるので，IPネットワークの中のルータは品質条件に応じた処理を行う必要がある。特に，IP電話用のパケットやストリーミング用のパケットは，9.1.3項で述べたようにリアルタイム通信用パケットであるので，遅延

と揺らぎに対する条件が他のパケットよりも厳しい。そのため，IPネットワークの中のルータにおいては，これらのリアルタイムなパケットを優先的に扱う優先制御を行う必要がある。

（3）**着信端末（IP電話機）**　着信端末は，シグナルプロトコルを処理する機能と通話用の音声パケットを送受信し，パケットから元の音声に復号するコーデックが必要である。

9.2.3　シグナリング用プロトコル H.323

IP電話システムで使われるおもなシグナリングプロトコルとしては，H.323, SIPがある。**H.323**は，1996年ITU-Tで標準化されたプロトコルであり，バイナリの値を使用している。既存電話ネットワークのシグナリングプロトコルを基本に開発されているので，既存のシステムとの親和性が高い。SIPはIETFで標準化されたプロトコルであり，テキスト形式である。SIPについては，9.3節で詳しく説明しているので，ここではH.323について説明する。

図9.9にH.323と同時に標準化された関連するプロトコルとH.323で使用されるコンポーネントを示す。H.320は，ISDN上で提供されるビデオ会議に関する標準であり，H.322は，LAN上で実現するTV電話システムに関する標準である。H.323のゲートウェイは，IPネットワークと既存の電話ネットワー

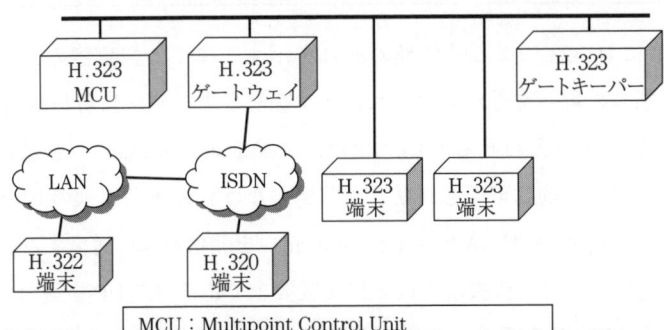

MCU：Multipoint Control Unit
H.320：ISDN上のビデオ会議
H.322：LAN上でのビジュアル電話システム

図9.9　H.323と関連プロトコル

クを接続する装置であり，**ゲートキーパー**は VoIP サーバである。

表9.4に，H.323 に含まれているおもな勧告を示している。H.323 では，相手の番号を入力して，着信端末と接続し通話が開始するまでのシグナリングフェーズを扱う部分が，H.225.0 と H.245 の二つの勧告に分かれている。H.225.0 は，着信端末と接続するまでを扱い，H.245 はその後，発信端末と着信端末がネゴシエーションして使用するコーデックを決める部分を扱う。さらに，H.225.0 は，相手端末の IP アドレスや通信状態を調べる RAS（Registration Admission and Status）と，相手端末に接続するための呼処理手順（Q.931：ISDN 用シグナリングプロトコル）の二つの機能に分かれて規定されている。

表9.4 H.323 に含まれるおもな勧告

分類	勧告番号	内容
シグナリング	H.225.0	アドレス解決手順である RAS（Registration Admission and Status）と呼処理手順の Q.931 を規定
	H.245	端末間のメディア制御プロトコル
	H.450.1	H.323 付加サービス
コーデック	G.711	64Kbps PCM 音声コーデック
	G.722	7KHz 帯域の音声コーデック
	G.728	16Kbps の圧縮音声コーデック
	H.261	64Kbps 以上のビデオコーデック
	H.263	64Kbps 未満のビデオコーデック

図9.10に H.323 による呼処理の流れを示す。まず，発信側の H.323 端末は，着信端末の電話番号が入力されると，ゲートキーパーに着信端末の IP アドレスなどを問い合わせる RAS の ARQ（Admission Request）を送信する。ゲートキーパーは通信可否を判断し，問題がなければ着信端末の IP アドレスが含まれた RAS の ACF（Admission Confirm）を発信端末に送信する。ACF を受信した発信端末は，直接着信端末に接続要求である SETUP を送信する。発信端末から SETUP を受信した着信端末は，ゲートキーパーに発信端末の IP アドレスなどを確認するための ARQ を送信する。ゲートキーパーは通信可否を判断し，問題がなければ ACF を着信端末に送信する。ACF を受信した着信

9.2 IP 電話

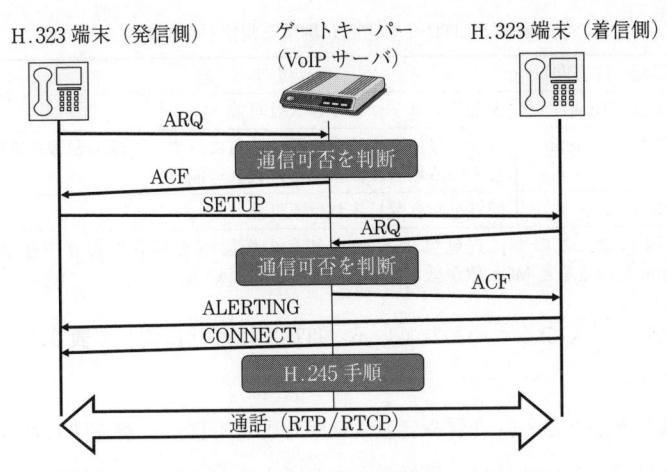

図 9.10 H.323 による呼処理の流れ

端末は，着信ユーザに電話がかかってきたことを呼び出し音などで示し，発信端末に ALERTING を送信する。ALERTING を受信した発信端末は発信ユーザに相手を呼出していることを示す。さらに，着信ユーザが応答すると，着信端末は発信端末に CONNECT を送信し，通信可能な状態となる。

続いて，H.245 に基づいて発着信端末はネゴシエーションを行い，使用するコーデックを決める。まず，発信端末が，自分が使用できるコーデック情報を着信端末に送信し，受信した着信端末は，同様に自分が使用するコーデック情報を返信し，最終的に発信端末が使用するコーデックを決定する。

H.245 によるネゴシエーションが終わると，RTP と RTCP を使用した通話が始まる。

9.2.4 音声品質

（1）**音声品質の劣化要因**　IP 電話の大きな課題の一つは，**音声品質**をいかに確保するかである。音声品質を劣化させるおもな要因は，**パケット損失**，**遅延**，**揺らぎ**である。パケット損失があると音声が途切れて聞きにくくなり，遅延があると通話相手からの返事が遅くなりスムーズな会話ができなくなる。一般に遅延が 150ms（すなわち，0.15 秒）以上になると双方向の音声通

表9.5 ITU-Tの遅延に関する規定（G.114）

遅延（片方向）	規　　　定
0から150ms	大部分のユーザで受け入れ可能
150から400ms	ネットワークの管理者が，品質に対する遅延の影響を把握している場合に限って受け入れ可能
400ms以上	例外を除き受け入れは不可能

G.114には，この他に遅延によるMOS値への影響も書かれており，遅延が200msを超えるとMOS値が低下することが示されている。

話が成立しにくくなるといわれている。ITU-Tは遅延に関して**表9.5**のように規定している。

また揺らぎがあると，音質や音量がゆがむとともに，音が途切れたりする。揺らぎを吸収するためには，受信したパケットをバッファに格納して，一定間隔で転送する必要がある。バッファの値を大きくすると揺らぎを解消することができるが，遅延が大きくなるのでバランスを考えた対応が必要である。

（２） 音声品質の評価方法　　**表9.6**に音声品質のおもな評価方法を示す。人が音を聞いて評価する主観評価としては，5段階で評価する**MOS**（Mean Opinion Score）値を基に行う方法がある。これは最も人間の感覚に近い評価ができる方法であるが，手間がかかるので，測定器などで評価する客観評価が必要である。PSQM（Perceptual Speech Quality Measurement）は，人の耳や脳のモデルを基に，音の劣化を評価する代表的な客観評価法である。

R値は，ITU-Tで音声品質を設計するモデルとして構築されたEモデル上で総合伝送品質を表す値として定義された。R値の最高は93.2で，80以上は既

表9.6　音声品質の評価方法

	主観評価	客観評価	総合伝送品質評価
評価方式	MOS値	PSQM	R値
評価方法	人間が電話機で音を聞いて数値評価する。平均を取る。	原音とネットワークを通して劣化させた音を比べ，劣化度合いを算出する。	20個のパラメータから計算式に基づいて値を算出する。
評価数値の範囲	1～5 高いほうが高評価	0～無限大 低いほうが高評価	1～100 高いほうが高評価

存の回線交換技術による固定電話並み，70以上は携帯電話並み，となる．

9.3 SIP

SIP (Session Initiation Protocol) は，もともと大学のキャンパスなどのローカルな IP ネットワークにおいて，インターネット技術を使ったマルチメディア会議や遠隔授業を行うために開発されたプロトコルである．IP ネットワークに接続された端末間のマルチメディア通信を**セッション** (session) と呼び，SIP はセッションの開始，終了，ならびに制御する機能を提供する．IETF RFC3261 が SIP に関する基本ドキュメントである．

9.3.1 SIP の基本

SIP の基本的な項目は次の通りである．

（1）**クライアント，サーバモデル**　SIP では，端末を**ユーザエージェント** (UA, User Agent) と呼んでおり，UA どうしが SIP で定義されたメッセージを送受信して，セッションを制御する．Web アプリケーションで使われる HTTP など，インターネットで使っている多くのプロトコルのように，SIP もサーバ，クライアントモデルに基づいている．まず，発信側 UA が通信要求メッセージを着信側 UA に送信して通信セッションが開始するが，この場合，発信側 UA がクライアント（すなわち，UAC），着信側 UA がサーバ（すなわち，UAS）となる．しかし，サーバ，クライアントの関係は固定的なものではなく，UAC，UAS は対等で，セッションが確立して，通信が進むに応じて，いずれの側からもセッションを制御する要求メッセージを出すことができる．

（2）**テキストベースのメッセージ**　前述したように，UA どうしがメッセージをやり取りしてセッションを制御するのが SIP による制御方式の基本であるが，UAC が UAS に送信するのが，**リクエストメッセージ**，逆に，UAS から UAC にその結果として送信されるのが，**レスポンスメッセージ**である．これらのメッセージも，HTTP，SMTP（メール送信プロトコル）など多くのイ

ンターネットで使われるプロトコルのように，テキストベースである．

（3）**メソッドとステータスコード**　リクエストメッセージとレスポンスメッセージは，**表9.7**に示すように，ともに開始行，ヘッダ部，ボディ部から構成されている．ただし，開始行のみフォーマットが違っており，リクエストの開始行にはリクエストの種別を示すメソッド名が，レスポンスの開始行にはレスポンスの種別を示すステータスコードが記述される．

表9.7　SIPメッセージの構造

開始行	〈リクエストの場合〉 メソッド名，リクエスト URI，SIP バージョン （例：INVITE sip:kim@home.net SIP/2.0） 〈レスポンスの場合〉 SIP バージョン，ステータスコード，リーズンフレーズ （例：SIP/2.0 200 OK）
ヘッダ部	メッセージ処理に必要なさまざまな情報を含む複数のヘッダ行が記述される． （例：To，From，Contact，Cseq，Call-ID）
空白行	ボディの有無にかかわらず必要．
ボディ部	セッションの情報とメディア情報（例：IPアドレス，コーデック）を含む．通常，SDP（Session Description Protocol）で記述されるが，メッセージに含まれない場合もある．

表9.8におもなリクエストメッセージの**メソッド名**とその役割を示す．また，**図9.11**に，INVITEリクエストメッセージの記述例を示す．

表9.8　おもな SIP メソッド

メソッド	役割
INVITE	UA間のセッションを確立する
ACK	INVITEに対するレスポンスの受信を確認する
BYE	セッションを終了する
CANCEL	処理中のリクエストを中止する
OPTIONS	他のUAやサーバの能力を問い合わせる
REGISTER	ユーザの現在の位置情報を登録する

レスポンスメッセージの開始行には，**ステータスコード**とレスポンスの内容を説明するリーズンフレーズが記述される．ステータスコードは，3桁の数値で表されており，HTTPのレスポンスと同様に，レスポンスの意味に応じてク

9.3 SIP

```
INVITE SIP：UserJ@east.net SIP/2.0              <スタートライン>

Via：SIP/2.0/UDP west.net：5060；branch=z9hG4bK776as3
Max-Forwards：70
From：Bob<sip：UserB@west.net>；tag=r18f061962
To：Jane <sip：UserJ@east.net>                  <ヘッダフィールド>
Call-ID：12670087@west.net
CSeq：1 INVITE
Contact：<sip：UserB@10.11.12.13>
Content-Type：application/sdp
Content-Length：138
                                                <空白行>
v=0
o（オー）=UserB 2890842807 2890842807 IN IP4 west.net
s=Voice Session                                 <ボディ>
c= IN IP4 10.11.12.13
m=audio 50000 RTP/AVP 0
a=rtpmap：0 PCMU/8000
```

図9.11 INVITEリクエストメッセージの例

ラス分けされている。**表9.9**にステータスコードの種類と役割を示す。

表9.9 ステータスコードの種類と役割

クラス	クラス名	役割
1××	暫定	リクエストが受信され，処理が継続中である
2××	成功	リクエストが成功
3××	リダイレクト	リクエスト処理ができる別のURIに関する情報を与える
4××	クライアントエラー	リクエストの内容に問題があったので，サーバでの処理ができない
5××	サーバエラー	サーバ側の事情でリクエスト処理に失敗
6××	グローバルエラー	どのサーバでも処理ができない

（4）トランザクションとダイアログ 一つのリクエストとそれに対するレスポンスを組み合わせたものを**トランザクション**と呼ぶ。レスポンスが複数ある場合，トランザクションを完了するレスポンスを最終レスポンス，それ以外の途中段階のレスポンスを暫定レスポンスと呼ぶ。通常，暫定レスポンスは存在しないが，セッションを開始するINVITEリクエストの場合は，複数の暫

定レスポンスがある.特に,無線区間を含む移動ネットワークの場合,リアルタイム通信を実現するためには発信側,着信側とも通信に必要なリソースを確保した上でセッションを確立する必要があるので,最終レスポンスを着信側が送信する前に複数の暫定レスポンスのやり取りが行われる.

また,セッションが確立して終了するまでを**ダイアログ**と呼ぶ(**図9.12**参照).ダイアログは,セッションを確立する最初のトランザクションが完了したとき成立し,セッションを終了するトランザクションが完了するまで継続する.発信者,着信者の関係に関しては,セッションを開始した側が発信者となり,ダイアログの間はこの関係は変わらない.

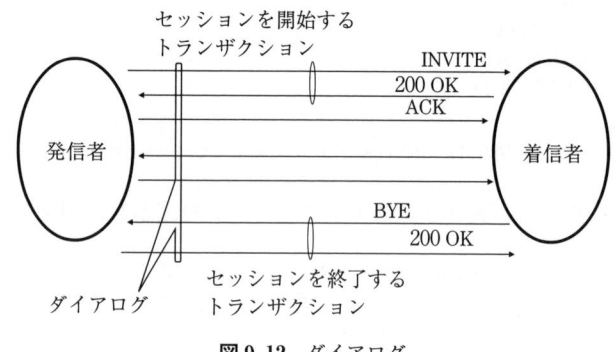

図9.12 ダイアログ

(5) SIPの基本要素 図9.13に示すように,SIPにおける基本要素は次の通りである.

(a) ユーザエージェント ユーザエージェントは,前述したようにUACとUASがある.リクエストメッセージを生成する側がUACであり,レスポンスメッセージを生成する側がUASである.

(b) SIPサーバ SIPメッセージを処理する**SIPサーバ**は次の通りである.

① 登録サーバ:UAの位置情報の登録を受け付けるサーバである.

② プロキシサーバ:リクエスト/レスポンスメッセージを中継するサーバである.

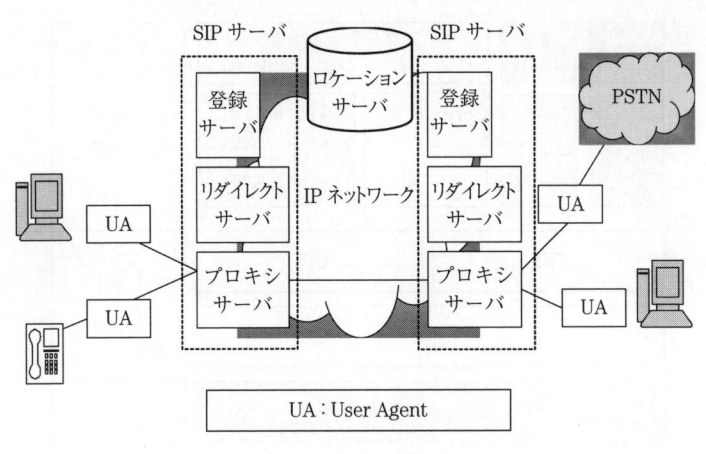

図 9.13 SIP の基本要素

③リダイレクトサーバ：リクエストメッセージの宛先の問い合わせに利用するサーバである。

④ロケーションサーバ：厳密には SIP で定義されたサーバではないが，通常，基本的なサーバの一つとして扱われる。登録サーバの指示によって UA の位置情報を蓄積する機能を持っており，プロキシサーバやリダイレクトサーバからの問い合わせに対応して，必要な位置情報を提供する。

9.3.2 SIP を用いたアプリケーションの実現

（1）**既存プロトコルとの組み合わせ**　図 9.14 に，SIP と他のプロトコルとの関係を示す。図に示すように，SIP と既存のプロトコルを組み合わせて，さまざまなマルチメディアサービスを制御することが基本的な考え方である。

（2）**SDP**　SIP は，セッションの開始，変更，終了を行うものであるが，9.3.1 項で記述しているように，セッション自体（例えば，IP アドレス，ポート番号，音声や画像を符号化するためのコーデックなど）はボディ部で定義している。このボディ部を記述するのによく用いられるのが，**SDP**（Session Description Protocol, RFC 2327）である。すなわち，SDP は，プロトコルと名付けているが，実態はセッションを記述するためのテキストフォーマットで

218　9. リアルタイムアプリケーション

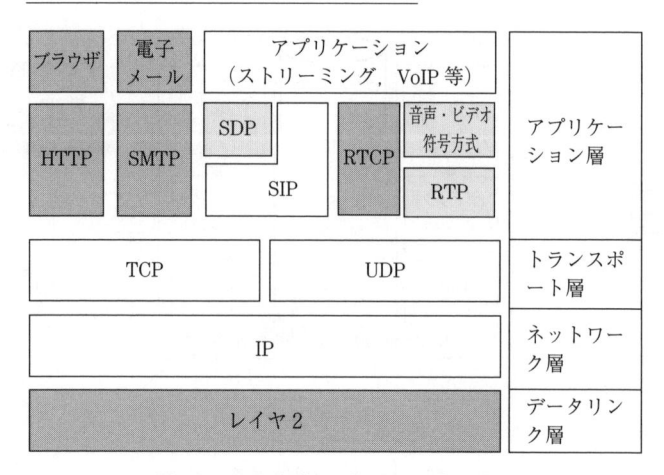

図9.14 SIPと他のプロトコルとの関係

あるといえる。

　SDPのセッション記述は，セッション情報とメディア情報の部分から構成されている。セッション情報は，セッション全体に適用される情報を含んでおり，バージョン，ユーザID，セッション名，IPアドレス，セッションの有効時間などが含まれる。一方，メディア情報は，メディアストリームに関する情報であり，どんなメディアがどの方向（片方向か，両方向か）で可能か等が含まれる。SDPの行は，すべて，「type=value」というフォーマットで記述されている。例えば，図9.11において，mは，メディア種別を表し，aはその属性を示す。

　(3) SIPを用いたIP電話の基本シーケンス　図9.15に，IP電話の基本シーケンスであるセッション設定シーケンスを示す。処理の概要は以下の通りである。

① 発信側UAがセッションを開始するために，INVITEリクエストメッセージを着信側のUAに送信する。このとき，必要に応じてプロキシサーバがメッセージのルーティング処理を行う。

② 着信側UAが着信ユーザに呼び出しを行うとともに，180 RINGINGレスポンス（INVITEに対する暫定レスポンス）を発信側に送信する。

9.3 SIP

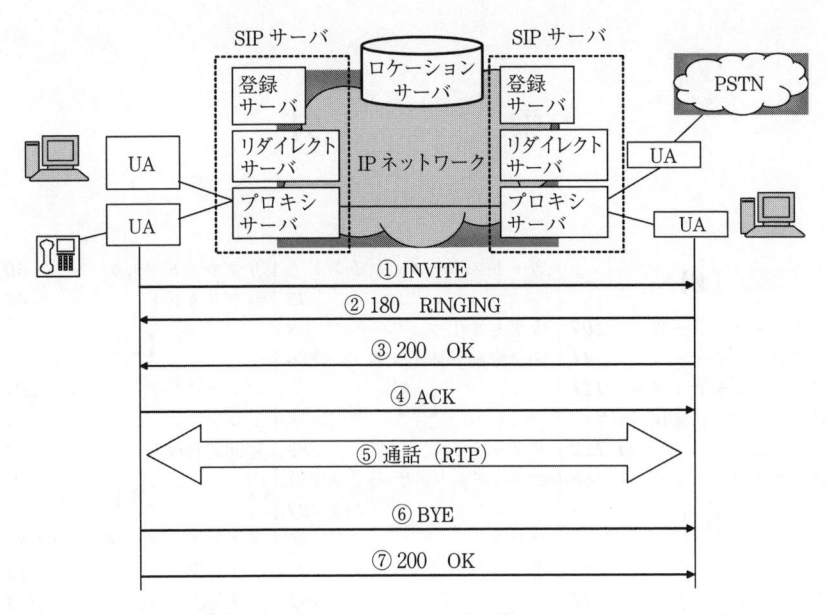

図 9.15 SIP を用いた IP 電話の基本シーケンス

③ 着信ユーザが応答すると，着信側 UA が 200 OK レスポンス（INVITE に対する最終レスポンス）を発信側に送信する。

④ 発信側 UA は最終レスポンスを確かに受信したことを着信側に知らせるために，ACK リクエストを送信する。ACK に対するレスポンスは必要なく，この時点でセッションが確立したことになる。

⑤ ユーザどうしが IP ネットワーク上で音声などのリアルタイム性のあるメディアを扱うときに使用するプロトコルである RTP を用いて通話する。

⑥ 通話が完了し，セッションを切断するために，BYE リクエストを相手に送信する。BYE リクエストの送信は，発信側からでも着信側からでも可能である。

⑦ BYE リクエストを受信した UA は，その応答として 200 OK レスポンスを送信し，この時点でセッションが終了する。

索引

【あ】
アクティブクローズ　107
アドホックモード　41
アドレス変換テーブル　121
アプリケーションレベルゲートウェイ　11, 122
アンカプセル化　8

【い】
イーサネット　29
インターネット層　47
インターネットプロトコル　47
インタフェースID　93
インフラストラクチャモード　41

【う】
ウェルノンポート　112

【え】
エニーキャスト　94
エフェメラルポート　112, 114

【お】
音声品質　211
オンデマンド（on demand）配信　196

【か】
可逆圧縮方式　198
隠れ端末問題　40

【か】
カットスルースイッチング　32
カプセル化　8
完全修飾ドメイン名　126

【く】
グヌーテラ　189
クライアント・サーバ（C/S）モデル　113, 124
クラス　53
グリッドコンピューティング　191
グリッドミドルウェア　192
グローバルアドレス　54, 95

【け】
ゲートウェイ　10
ゲートキーパー　210

【こ】
交換機　205
呼処理　207
コスト値　79
コーデック　198
コリジョンドメイン　22
混合型　188
コンテンション（contention）方式　20

【さ】
サービスブローカ　169
サービスプロバイダ　169
サービスリクエスタ　169
サブネットプレフィックス　93

【さ】
サブネットマスク　50
サプリカント　45

【し】
シグナリング　207
ジッタ　198
巡回冗長検査　34

【す】
スイッチングハブ　10, 22
スター型　13
ステータスコード　214
ストアアンドフォワードスイッチング　32
ストリーミング　196
スーパーデーモン　150
スパニングツリープロトコル　25

【せ】
セッション　213
全二重　24

【た】
ダイアログ　216
ダイナミックポート　112
タグVLAN　36
タッグドポート　35

【ち】
チェックサム　33
遅　延　197, 211

【て】
ディスタンスベクタ型　75

索引

データリンク層	16
デファクトスタンダード	2
デフォルトゲートウェイ	80
デフォルトルータ	80
デーモン	125

【と】

登録ポート	112
トークンパッシング方式	20
トークンリング方式	20
トランザクション	215
トランスポートモード	100
トンネリング技術	85
トンネルモード	100

【な】

ナップスター	188

【ね】

ネットワークアドレス	52
ネットワーク部	50
ネームサーバ	125

【の】

ノード部	50

【は】

ハイパーテキスト	153
パケット損失	197, 211
バス型	11
パス属性	79
バースト誤り	34
バックプレッシャ	26
パッシブクローズ	107
パリティチェック	33
半二重	23

【ひ】

ピア	186
非可逆圧縮方式	198
ピュア型	188

【ふ】

輻輳	17
双子の悪魔	45
プライベートアドレス	54
プライベートポート	113
フラグメントフリースイッチング	32
ブリッジ	9
ブルートフォース（総当り）攻撃	44
プレフィックス長表記	59
フレームシーケンス制御	17
フロー制御	17
ブロードキャスト	19
ブロードキャストアドレス	52
ブロードキャストストーム	24, 56
プロトコル	1
プロミスキャスモード	20, 27

【へ】

ベンダコード	19

【ほ】

ホップ数	75
ポート VLAN	35
ポートスキャン	114
ポートトランキング	26
ポート番号	111
ポートフォワード機能（BBルータ）	121
ポートフォワード機能（SSH）	143
ポートミラーリング	27

【ま】

マルチキャスト通信	63

【め】

メソッド名	214
メディアアクセス方式	20
メトリック	75

【ゆ】

ユーザエージェント	213
ユニキャスト	48
ユニークローカルアドレス	95
揺らぎ	211

【ら】

ライブ（live）配信	196

【り】

リクエストメッセージ	213
リゾルバ	125
リピータ	9, 14
リンクアグリゲーション	26
リンクステート型	78
リンクローカルアドレス	54, 94

【る】

ルータ	10, 72
ルーティング	72
ルーティングテーブル	75
ルートドメインサーバ	128
ループバックアドレス	95

【れ】

レコード	130
レスポンスメッセージ	213

【ろ】

ローカルループバック	54

【わ】

ワイヤスピード	33

【A】

ACK	106
AES	44
AH	91, 100
ALG	11
ANSI	3
Apache	154
ARP	55
ARPスプーフィング	67
AS	73

【B】

Base64	138
BB（ブロードバンド）ルータ	117
BGP4	79

【C】

CGI	157
CHAP	28
CIDR	59
Cookie	166
CRC	34
CSMA/CA	40
CSMA/CD	20

【D】

DEAUTH ATTACK	44
DHCP	144
DIXイーサネット	31
DNSサーバ	125

【E】

EAP	45
EGP	74
eNAT	119
ESMTP	136
ESP	91, 100
ESS-ID	42

【F】

FCS	18, 32
FIN	106
FORM	160
FQDN	126
FTP	143

【G】

GRE	90

【H】

H.323	209
HTTP	141, 153
HTTP/1.1	153
HTTPS	141

【I】

IANA	49
ICANN	49
ICMP	64
IEEE	3
IEEE802.11シリーズ	38
IEEE802.1x	45
IEEE802.3	31
IGP	73
IKE	91, 100
IMAP4	185
IP	47
IPsec-VPN	91
IPv6	93
IPアドレス	48
IPマスカレード	119
ISO	2
ITU	2

【J】

JPEG	200

【K】

KoreK'sアタック	43

【L】

L3スイッチ	10
LDAP	148
LIR	49
LLC副層	16
LSA	78

【M】

MACアドレス	18
MAC副層	16
MIME	136
MIMO	39
MOS	212
MPEG	201
MSS	89
MTA	135, 178
MTU	89
MUA	135, 178

【N】

NAPT	118
NAT	118
NDP	99
NFS	147
NIR	49
NTP	148

【O】

OP25B	139, 184
OSI	4
OSI参照モデル	4
OSPF	78

【P】

P2P	186
PAP	28
PAUSEフレーム	26
PCM	199
PCグリッド	191, 193
PiggyBack	106
ping	64
Plug and Play	98
POP3	140, 181
PPP	28, 89
PPTP	90
Proxy	149

【Q】

QoS	100
QUERY_STRING	163

【R】

RARP	57
RFC	3
RIP	74
RIR	49
RSVP	101
RTCP	147, 204
RTP	147, 201

【S】

SAMBA	147
SDP	217
SIP	122, 146
SIPサーバ	216
SMB	147
SMTP	135, 178
SOA	168
SOAP	172
SPAM	183
SSH	143
SSI	157
SSL	141
STP	13
STUNサーバ	123
Submission Port	139
SYN	106

【T】

TCP	104
TCP/IPプロトコル	1
TeAM-OK	43
TKIP	44
TLS	141
traceroute	66
tracert	66
TTL	66

【U】

UDDI	175
UDP	104
UDPホールパンチング	123
UPnP	123
UTP	13

【V】

VLAN	35
VLANタギング	36
VoIP	146, 205
VPN	85

【W】

Webサービス	168
WEP	43
WPA	44
WPA2	44
WSDL	173

【X】

XML	171

【数字】

3方向ハンドシェイク	105

―― 著者略歴 ――

井関 文一（いせき ふみかず）
- 1984 年　東京理科大学理工学部物理学科卒業
- 1986 年　東京都立大学大学院理学研究科修士
　　　　　課程修了（物理学専攻）
- 1988 年　東京都立大学大学院理学研究科博士
　　　　　課程退学（物理学専攻）
- 1988 年
- 〜89 年　富士通株式会社勤務
- 1989 年　東京情報大学電算センタ助手
- 1999 年　博士（工学）（東京農工大学）
- 2002 年　東京情報大学助教授
- 2008 年　東京情報大学教授
　　　　　現在に至る

森口 一郎（もりぐち いちろう）
- 1990 年　島根大学理学部物理学科卒業
- 1992 年　九州大学大学院理学研究科博士前期
　　　　　課程修了（物理学専攻）
- 1995 年　九州大学大学院理学研究科博士後期
　　　　　課程修了（物理学専攻）
　　　　　博士（理学）
- 1995 年　東和大学助手
- 1996 年　東和大学講師
- 2002 年　東和大学助教授
- 2005 年　東京情報大学助教授
- 2007 年　東京情報大学准教授
　　　　　現在に至る

金 武完（きむ むわん）
- 1974 年　大阪大学工学部電子工学科卒業
- 1980 年　大阪大学大学院後期課程修了（電子
　　　　　工学専攻）
　　　　　工学博士
- 1980 年　富士通研究所（研究室長），富士通
- 〜98 年　（開発部長）に勤務
- 1998 年　モトローラ（シニアマネージャ），
- 〜　　　ルーセント（ディレクタ），ソフト
- 2005 年　バンク（企画部長）に勤務
- 2005 年　東京情報大学教授
　　　　　現在に至る

ネットワークプロトコルとアプリケーション
Network Protocols and Applications　　　Ⓒ Iseki, Kim, Moriguchi　2010

2010 年 6 月 25 日　初版第 1 刷発行
2017 年 4 月 25 日　初版第 6 刷発行

検印省略	著　者	井　関　文　一
		金　　武　　完
		森　口　一　郎
	発 行 者	株式会社　コロナ社
	代 表 者	牛来真也
	印 刷 所	萩原印刷株式会社
	製 本 所	有限会社　愛千製本所

112-0011　東京都文京区千石 4-46-10
発行所　株式会社　コロナ社
CORONA PUBLISHING CO., LTD.
Tokyo Japan
振替 00140-8-14844・電話 (03)3941-3131(代)
ホームページ　http://www.coronasha.co.jp

ISBN 978-4-339-02448-7　C3055　Printed in Japan　　　（花井）

JCOPY　<出版者著作権管理機構　委託出版物>
本書の無断複製は著作権法上での例外を除き禁じられています．複製される場合は，そのつど事前に，出版者著作権管理機構（電話 03-3513-6969, FAX 03-3513-6979, e-mail: info@jcopy.or.jp）の許諾を得てください．

本書のコピー，スキャン，デジタル化等の無断複製・転載は著作権法上での例外を除き禁じられています．購入者以外の第三者による本書の電子データ化及び電子書籍化は，いかなる場合も認めていません．
落丁・乱丁はお取替えいたします．